KB182203

최신판

의류기사 · 패션디자인 산업기사

TECHNICAL SEWING

테크니컬 의복제작 작업형

YEAMOONSA
예문사

21세기는 무한경쟁시대이다.

세계화된 현대사회 속에서 패션은 자신만의 이미지와 창의력을 표현하는 매우 중요한 수단이자 다른 사람과 커뮤니케이션 할 수 있는 매우 중요한 매체로 기능하고 있다. 이제 패션은 현대인에게 필수 불가결한 요소가 된 것이다.

패션에 대한 관심이 날로 높아지면서 패션산업도 지식집약산업으로 도약하고 있는바, 패션시장은 특성화·다양화되며 빠르게 변화하고 있고, 소비자들의 복합적 욕구 충족을 위한 전문적이고 세분화된 지식을 가진 전문인력을 그 어느 때보다 필요로 하고 있다.

이러한 요구에 부응하기 위하여 만들어진 패션디자인 산업기사 및 의류기사 자격제도는 의류 패션산업분야의 역량을 갖춘 인재를 육성하기 위해 한국산업인력공단에서 시행하는 국가 자격고시로서 그 내용은 다음과 같다.

✷ 패션디자인 산업기사

- 1차(필기시험) : 패션디자인론, 피복재료학, 의류상품학, 복식문화사, 패턴공학 및 의복구성학
- 2차(실기시험) : 작업형
  - 1부 : 주어진 테마와 지급된 재료를 가지고 디자인하는 작업과 그에 적합한 도식화를 작성하는 과제 수행
  - 2부 : 지급된 소재와 제시된 치수를 적용하여 제도를 설계하고 패턴을 제작하여 재단한 후 가봉제작 또는 재봉틀을 이용해 의복을 제작하는 과제 수행

✷ 의류기사

- 1차(필기시험) : 피복재료학, 환경학, 봉제과학, 피복설계학, 섬유시험법 및 품질관리
- 2차(실기시험) : 작업형
  - 1부 : 패션디자인 산업기사와 유사하나 추가로 제품의 유행에 대한 상품성과 디자인개발 및 생산 가능성 여부에 대한 중요한 옷감의 물리적 특성에 대한 지식 및 실무업무에 대한 직무 수행 가능 여부에 관한 과제 수행
  - 2부 : 패션디자인 산업기사와 유사한 방법으로 과제 수행

본서는 이러한 전문인력 양성의 요구에 부응하기 위하여 필자의 오랜 실무경력과 교육경험을 바탕으로 이론과 실무지식을 가장 효율적으로 접목하여 구성한 교재이다. 따라서 자격시험을 위한 수험서나 대학 교재로서 창의적 역량을 갖춘 전문인을 양성하는 데 길잡이가 되리라 기대한다.

특히 패션디자인 산업기사 및 의류기사 자격제도는 의류 패션산업분야의 인재 육성을 위해 한국산업인력공단에서 시행하는 국가 자격고시이다. 1차 필기시험과목은 패션디자인론, 피복재료학, 의류상품학, 복식문화사, 패턴공학 및 의복구성학 영역으로 구성되어 있으며, 2차 시험은 실기과목으로 패션디자인과 의복제작으로 구성되어 있다. 그중에서 본서는 실기분야에 필요한 기본적 이론과 함께 기출문제와 예상문제를 수록하여 수험서의 역할은 물론 대학의 수업교재로서의 활용도를 높이고자 노력하였다.

이 책을 만들기까지 많은 수고를 함께한 제자들(염희숙 선생, 이현희 선생, 황윤경 선생)에게 감사드리며, 출간을 맡아준 예문사의 모든 직원들께 깊이 감사드린다.

2014년 8월
여름밤 자택에서 저자 김 경 애

QUALIFICATION 출제기준

패션디자인산업기사
Industrial Engineer Fashion Design

직무분야	섬유	자격종목	패션디자인산업기사

- 직무내용 : 주어진 테마에 의해 각종 의복을 디자인하는 작업과 도식화 작업, 지급된 재료와 주어진 의복에 제시한 치수 대로 패턴을 제도, 마름질, 손가봉하는 패턴제작작업 또는 재단하여 지급된 복지에 재봉틀과 손 바늘을 이용 하여 의복을 제작하는 직무를 수행

- 수행준거 : 패션디자인의 실무를 할 수 있을 것
  형지제도하기 및 형지 놓기를 할 수 있을 것
  재단 및 가봉을 할 수 있을 것
  바느질 작업, 단춧구멍 만들기 및 마무리를 할 수 있을 것

실기검정방법		작업형	시험시간	7시간 정도

실기과목명	주요항목	세부항목	세세항목
패션디자인 및 의류제작 작업	1. 패션디자인	1. 패션디자인의 실무 작업하기	① 시간, 때, 장소, 연령에 적합한 디자인을 할 수 있어야 한다. ② 패션일러스트레이션(선, 채색기법, 재료)을 표현할 수 있어야 한다. ③ 작업지시서 작성(도식화, 봉제방법, 원부자재, 산출 소요량, 명세서)을 할 수 있어야 한다.
	2. 패턴제작	1. 형지제도하기 및 형지 놓기	① 체형별 디자인을 할 수 있어야 한다. ② 형지제도(각 부위별 옷본제작)를 할 수 있어야 한다. ③ 전체 및 부위별 치수재기를 할 수 있어야 한다.
	3. 재단 및 가봉	1. 재단하기	① 무늬맞춤을 할 수 있어야 한다. ② 재료의 재단을 결정할 수 있어야 한다.
		2. 가봉하기	가봉, 시착, 보정을 할 수 있어야 한다.
	4. 봉제	1. 바느질 작업하기	① 자리잡음, 홈줄임, 시접처리를 할 수 있어야 한다. ② 봉제의 보조작업 및 본봉작업을 할 수 있어야 한다. ③ 각종 재봉기를 사용할 수 있어야 한다.
		2. 단춧구멍 만들기	① 각종 단춧구멍의 제작을 할 수 있어야 한다. ② 단추달기를 할 수 있어야 한다.
		3. 마무리하기	각종 바느질 방법을 결정할 수 있어야 한다.

패션디자인산업기사(작업형) 세부사항

(약 7시간 동안 1부, 2부로 나누어 시행된다.)

1부

- 제시된 테마에 맞추어 적합한 디자인을 하고 패션일러스트레이션으로 그림을 그려야 한다. 이때 채색은 최소한의 기본적인 방법이 요구되며, 채색의 도구나 재료에는 제한이 없다.
- 작성된 디자인에 대한 작업지시서 작성이 요구된다. 작업지시서에는 도식화, 원 · 부자재 소요량 산출 및 봉제방법과 순서, 주의사항 등을 상세하게 기입하여야 한다.

2부

- **패턴시험** : 제시된 문제에 대한 패턴 설계를 하며, 패턴 설계에는 기준선과 실제 선을 구분하여 설계하고 치수나 부호, 기호, 약어 등의 적절한 사용 · 적용이 요구된다. 이때 패턴 2부를 작성하여 1부는 제출하고 남은 1부는 수검자가 재단하는 데 사용토록 하고 있다.
- **가봉시험** : 가봉은 손바느질로 상침(누름)시침으로 전체 또는 반쪽만 가봉시침하는 방법이 요구된다. 가봉시험 평가방법은 가봉된 옷을 인대에 피팅한 후 평가하므로 주어진 시간 내에 문제에 적합한 실루엣 구현과 바느질 방법이 요구된다.
- **봉제시험** : 봉제 시험에는 블라우스, 스커트, 팬츠, 원피스 드레스, 재킷 등 다양한 아이템들이 출제되며, 디자인에 적합하도록 재단된 옷감이 지급된다. 재단되어 지급되는 옷감은 주어진 시간 내 완제품으로 만들어야 하며, 완성된 옷을 인대에 피팅한 후 평가하게 된다. 그러므로 주어진 시간 내로 작품을 완성하기 위해서는 지속적인 반복 연습이 요구된다.

✖ **시행처** : 산업인력공단(http : //www.q-net.or.kr)

✖ **시험방법**

구분	필기시험	실기시험
시험과목	피복재료학, 패션디자인론 의류상품학 및 복식문화사, 패턴공학 및 의복구성학	패션디자인 및 의류제작작업
검정방법	객관식 4지 택1형	작업형
시험시간 및 문항수	2시간(과목당 30분), 총 80문항(과목당 20문항)	약 7시간

✖ **합격기준**

- **필기** : 100점을 만점으로 하여 과목당 40점 이상, 전 과목 평균 60점 이상
- **실기** : 100점을 만점으로 하여 60점 이상

✖ **시험일정** : 연간 3~4회 시행, 필기시험 발표 후 약 1개월 후 실기(작업형) 시험 시행

의류기사

Engineer Clothing

직무분야	섬유	자격종목	의류기사

- 직무내용 : 수주된 직물의 생산가능성 여부 검토, 제품의 유행성에 대한 시장성 조사, 새로운 제품 및 디자인 개발, 표준화된 검사, 장비 및 방법 등을 이용하여 가공된 옷감의 물리적 특성시험, 완성된 제품의 품질상태 점검 등의 실무 업무에 대한 직무를 수행

- 수행준거 : 복식디자인을 할 수 있을 것
  피복 설계를 할 수 있을 것
  섬유시험을 할 수 있을 것

실기검정방법	복합형	시험시간	필답형 – 1시간 30분 작업형 – 6시간 정도
실기과목명	주요항목	세부항목	세세항목
피복과학, 피복설계 및 제작실무	1. 복식디자인	1. 복식디자인하기	복식디자인 및 피복디자인을 할 수 있어야 한다.
	2. 피복설계	1. 패턴제작하기	패턴제작을 할 수 있어야 한다.
		2. 옷감량 계산하기	옷감량의 계산을 할 수 있어야 한다.
		3. 피복제작하기	피복제작을 위한 계측방법을 할 수 있어야 한다.
	3. 섬유시험	1. 섬유감별하기	주어진 섬유를 감별할 수 있어야 한다.

✖ 모든 자격시험은 1차(필기) 시험 합격 후 2년간 그 자격이 유효하게 유지되므로, 해당 기간 동안 2차(작업형) 시험을 재응시할 수 있다.

의류기사(복합형) 세부사항

(약 6시간 동안 1부, 2부로 나누어 시행된다.)

1부

- 주어진 테마에 적합한 디자인을 하고 패션 일러스트레이션으로 표현할 수 있어야 한다.
- 작업지시서(도식화, 봉제방법, 원 · 부자재 소요량 산출 및 명세서)를 작성할 수 있어야 한다.
  - **필답형** : 20문항 내외로 출제되는 주관식 문제를 해결할 수 있어야 하며, 제시된 섬유를 감별할 수 있어야 한다.

2부

- **패턴시험** : 제시된 문제에 대한 패턴 설계를 하며, 패턴 설계에는 기준선과 실제 선을 구분하여 설계하고 치수나 부호, 기호, 약어 등의 적절한 사용 · 적용이 요구된다. 이때 패턴 2부를 작성하여 1부는 제출하고 남은 1부는 수검자가 재단하는 데 사용토록 하고 있다.
- **가봉시험** : 가봉은 손바느질로 상침(누름)시침으로 전체 또는 반쪽만 가봉시침하는 방법이 요구된다. 가봉시험 평가방법은 가봉된 옷을 인대에 피팅한 후 평가하므로 주어진 시간 내에 문제에 적합한 실루엣 구현과 바느질 방법이 요구된다.
- **봉제시험** : 의류기사 검정에서는 옷을 직접 봉제하여 완제품을 만드는 시험방법은 채택하지 않고 있다.

✖ **시행처** : 산업인력공단(http : //www.q-net.or.kr)

✖ **시험방법**

구분	필기시험	실기시험
시험과목	피복재료학, 피복환경학, 피복설계학 봉제과학, 섬유제품시험 및 품질관리	피복과학 피복설계 및 제작실무
검정방법	객관식 4지 택1형	작업형
시험시간 및 문항수	2시간 30분(과목당 30분), 총 100문항(과목당 20문항)	필답형 1시간30분, 작업형 6시간 정도

✖ **합격기준**

- **필기** : 100점을 만점으로 하여 과목당 40점 이상, 전 과목 평균 60점 이상
- **실기** : 100점을 만점으로 하여 60점 이상

✖ **시험일정** : 연간 1회 시행, 필기시험 발표 후 약 1개월 후 실기(작업형) 시험 시행

■ 본서에서는 의류산업 현장에서 혼돈되게 사용되는 여러 의류 관련 용어들을 패션용어사전, 산업자원부 기술표준원, 한국의류산업협회에 따른 용어와 한국의류학회 의류용어집(의복구성 및 제도설계)을 참고하여 용어의 통일화를 시도하였다.

■ 표제어, 한자어, 대응외국어 등을 한글로 잘못 풀어쓰는 것을 최소화하고 현재 사용하고 있는 용어들에 대하여 표준동의어를 사용하도록 제시하였다.

　　예 굴신체형(屈身體形) → 굽은 체형 → 숙인 체형
　　　가부라 → 접단 → 끝단 접기
　　　낫찌 → 노치 → 너치(Notch) → 맞춤표, 맞춤점
　　　가에리 → 아랫깃, 라펠(Lapel)
　　　나라시 → 연단, 고루펴기 등

■ 본서는 정확한 체형분석과 오랜 연구를 바탕으로 좀 더 아름다운 실루엣을 창출하기 위해 이미 많은 검증을 거친 제도설계 방법을 제시하였다. 이를테면 인체의 특성상 상하로 허리선을 절개했을 때 옆선의 허리선이 늘어짐을 볼 수 있다. 본서에서는 옆선의 늘어짐을 방지하고 실루엣의 아름다움을 보완하기 위해 옆선의 Waist Line점을 1.5~2cm 정도 위로 올려 적용하여 옆선에서부터 점차적으로 늘어짐을 보완하는 방법을 제시하였다.

■ 의복제도 설계 시 용구를 사용함에 있어 좀 더 능률적이고 정확한 제도설계를 돕기 위해 각자(기본자) 사용하는 방법을 수록하였다.

✳ 각자(기본자) 사용하는 방법

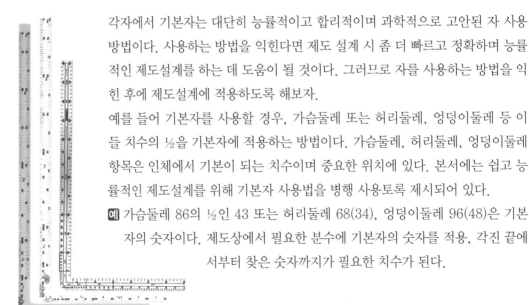

각자에서 기본자는 대단히 능률적이고 합리적이며 과학적으로 고안된 자 사용 방법이다. 사용하는 방법을 익힌다면 제도 설계 시 좀 더 빠르고 정확하며 능률적인 제도설계를 하는 데 도움이 될 것이다. 그러므로 자를 사용하는 방법을 익힌 후에 제도설계에 적용하도록 해보자.

예를 들어 기본자를 사용할 경우, 가슴둘레 또는 허리둘레, 엉덩이둘레 등 이들 치수의 ½을 기본자에 적용하는 방법이다. 가슴둘레, 허리둘레, 엉덩이둘레 항목은 인체에서 기본이 되는 치수이며 중요한 위치에 있다. 본서에는 쉽고 능률적인 제도설계를 위해 기본자 사용법을 병행 사용토록 제시되어 있다.

　예 가슴둘레 86의 ½인 43 또는 허리둘레 68(34), 엉덩이둘레 96(48)은 기본자의 숫자이다. 제도상에서 필요한 분수에 기본자의 숫자를 적용, 각진 끝에서부터 찾은 숫자까지가 필요한 치수가 된다.

✱ 제도설계, 패턴제작을 위한 기호 및 부호

의류패턴의 표시기호는 한국산업규격(K0027)으로 규정되어 있으며 많은 기호와 부호가 있으나, 제도설계 및 패턴제작 시에 많이 이용하는 기호에 대해서만 기술하였다.

기호	항목	기호	항목
	기초선 안내선		맞주름 주름 접는 방향
	완성선		등분표시
	안단선		올 방향선과 결 방향선
	꺾임선		바이어스
	골선		직각표시
	맞춤표시		다트
	개더잡음		오그림표시
	절개선		늘임
	선의 교차		줄임
	외주름		단추 단춧구멍 및 단추위치표시
	너치(Notch)		접음표시(M.P) (manipulation)
	심지표시		골선표시

의복(Cloths)

의복제작을 위한 기구
(Tool for the Apparel Production)

섬유와 실
(Fiber & Thread)

직물과 의복소재
(Textiles & Fabric)

의복의 부속재료

의복제작을 위한 기초봉제
(Sewing for the Apparel Production)

블라우스(Blouse)

스커트(Skirt)

팬츠(Pants & Slacks)

원피스 드레스(One-piece Dress)

베스트 & 재킷(Vest & Jacket)

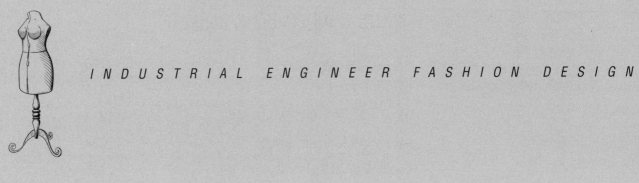

INDUSTRIAL ENGINEER FASHION DESIGN

FASHION
DESIGN

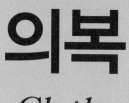

01

의복

Cloths

01 CHAPTER

의복(Cloths)

인류가 착용하는 의복은 고대부터 수많은 변천을 거치면서 각기 다른 지역에서 시대의 상황과 생활양식에 따라 그 시대를 반영하면서 오늘에 이르고 있다. 의복을 디자인하여 제작에서 착장에 이르기까지 시대적 배경과 사회상황은 어떠한 관계를 유지하면서 형태적 변화를 계속 했으며, 미적 요소와 기능적 요소가 어떻게 균형을 이루면서 의복의 조형이 이루어지는가에 대한 통찰력을 향상시키는 것은 무엇보다도 중요하다. 의복은 시대의 변화에도 불구하고 사람이 착용하는 기본은 변함이 없으므로 입기 쉽고 편안하며 착용의 기쁨과 쾌적한 충만감을 가질 수 있어야 한다. 이와 같은 조건에 적합한 의복제작을 하기 위해서는 많은 지식과 기술뿐만 아니라 시각적인 감성 훈련 또한 매우 중요한 요건이 된다. 국제교류가 활발해지고 생활이 풍요로워지고 다양해지는 현실 속에서 시대의 변화를 정확히 파악하고 그것에 적합한 의복을 제작할 수 있는 것은 사람만이 가지고 있는 창의력 때문일 것이다. 기계는 능률적인 작업을 위한 도구일 뿐 기계가 발달할수록 창의력 개발의 역량을 겸비한 인재는 더욱 필요하게 될 것이다.

SECTION 01 | 의복의 분류

먼저 의복에 대한 전반적인 지식을 습득하기 위해서는 의복의 종류와 명칭, 그리고 용도는 물론 의복과 조합되는 소품과 액세서리 등 장신구의 아이템과 그 종류에 대한 전반적인 내용을 알고 익혀야 할 필요가 있다.

(1) 의복의 아이템별 분류

1) 의류(Clothing)

의류는 블라우스류, 원피스드레스류, 베스트류, 재킷류, 카디건재킷류, 케이프류, 코트류, 슈트류, 투피스류, 앙상블드레스류, 스커트류, 슬랙스류, 점퍼슈트류, 점퍼스커트류와 니트제품으로 스웨터류, 카디건류, 폴로셔츠류, 티셔츠류, 트레이너류, 수영복류, 레오타드 등이 있다. 또한 란제리(장식용 속옷)는 패티코트류, 캐미솔류, 슬립이며, 파운데이션(보정용 의류)은 브래지어, 거들, 보디슈트, 웨이스트 니퍼(Waist Nipper) 등이다.

2) 소품류(Small Sculpture)

소품류는 의복과 조화를 이루면서 보온과 기능성이 요구된다. 스카프류, 목도리류, 스톨, 손수건류, 넥타이류, 모자류, 장갑류, 밴더너(Bandana), 양말류, 타이츠류, 스타킹류, 팬티스타킹류, 레그워머(Leg Warmer) 등이다.

3) 액세서리류(Accessories, Jewelry)

귀고리, 피어스, 목걸이, 브로치, 팔찌, 앵클릿(Anklet), 커프스버튼, 넥타이핀, 칼라단추, 헤어액세서리, 코르사주, 양산, 벨트, 가방, 소품가방, 지갑, 카드케이스, 명함케이스, 서스펜더(Suspender), 암밴드(Arm Band), 구두, 안경(Fashion Glass), 시계(Fashion Watch) 등이다.

(2) 의복의 착용목적에 따른 분류

1) 시티 · 비즈니스 웨어

외출복으로서 통근과 통학 등 일상생활의 장소에서 부담 없이 착용하는 옷이며 활동성과 패션성이 가미되어 세련되게 디자인된 의복

- 타운 웨어 : 도회적인 감각으로 세련되고 가볍게 입을 수 있으며 외출에도 부담 없이 착용할 수 있는 일상복의 전반적인 의복
- 유니폼 : 직장이나 단체의 목적과 특징을 담아 디자인한 제복을 말하며 기능성과 장식성을 목적에 따라 적절하게 배치하여 디자인된 의복
- 비즈니스 웨어 : 통근 및 업무활동 시 편하게 착용하는 의복으로, 적당한 기능성을 가미하여 업무의 활력이 감소되지 않도록 디자인된 캐주얼한 의복
- 컬리지 웨어 : 학생으로서 풋풋하고 발랄하며 품격을 유지하는 통학복으로서 개성을 갖춘 의복

2) 레저 웨어

대부분 옥외에서 여가를 즐기기 위해 착용하는 의복으로서 그 환경에 적합한 소재와 디자인으로 기능성을 부여하여 디자인된 의복

- 트래블 웨어 : 여행할 때 착용하는 의복으로서 관리가 간편하며 기후를 적절하게 조절할 수 있는 아이템을 선택하여 디자인된 의복
- 하이킹 웨어 : 기능적이며 활동적이어서 보행이 쉽고 기후변화에도 적절하게 대응이 가능하도록 디자인된 의복
- 비치 웨어 : 해변에서 착용하는 의복으로서 피부를 대담하게 노출할 수 있도록 디자인된 의복
- 피싱 웨어 : 낚시할 때 착용하는 의복으로서 기능성을 중시하고 방수와 방한이 되며 다목적용으로 사용이 가능하도록 디자인된 의복
- 사이클링 웨어 : 자전거를 탈 때 착용하는 의복으로서 무릎의 움직임에 중점을 두고 방한과 방풍을 고려하여 디자인된 의복

3) 스포츠 웨어

경기를 할 때 착용하는 의복과 경기를 관람하거나 스포츠로 여가를 즐기기 위한 의복으로서 그 용도와 환경에 적합하도록 디자인된 의복

- 테니스 웨어 : 일반적으로 셔츠블라우스와 짧은 바지, 스커트의 기능을 겸한 바지 조합의 디자인 의복
- 스키 웨어 : 격한 운동을 할 때 입는 의복이므로 가볍고 투습방수성과 방한성, 그리고 신축성이 많은 소재를 선택하여 기능성이 풍부하게 디자인된 의복
- 골프 웨어 : 대부분 상의가 블라우스나 폴로셔츠이고, 하의는 짧은 바지나 스커트로, 점퍼나 스웨터 등 팔의 움직임을 방해하지 않도록 디자인된 의복
- 스위밍 웨어 : 수영할 때 착용하는 의복으로서 신축성이 풍부한 화학섬유를 이용하여 실용성을 극대화하였고 다양한 소재와 디자인에 따라 경기용과 레저용으로 구분한 의복
- 라이딩 웨어 : 승마용 의복이므로 승마 시의 자세에 적합하도록 엉덩이 부분의 충분한 여유와 방한 및 방풍을 고려하여 디자인된 의복

4) 의례 · 사교용 웨어

특별한 의식(혼례나 장례식)에서 예복과 사교복은 시간과 장소와 목적에 부합된 디자인과 스타일로, 사회적인 상황을 충분히 고려하여 착용하여야 한다. 의복은 착용한 사람을 돋보이고 아름답게 하며 개인의 인격을 표현하는 수단이 되므로 상황에 적합한 의복 착용은 자기를 대변한다는 의미를 내포하므로 매우 중요하다. **예** 정장(예복, 사교복, 격식을 갖춘 외출복)

5) 레인 웨어

우기용의 의복으로서 옷이 비에 젖지 않도록 옷 위에 착용한다. 통근, 작업, 여행, 하이킹 등 장소와 상황에 따라 투습방수가공이 된 소재로 환경을 고려하여 적합한 디자인으로 목적에 부합하도록 디자인된 의복이다.

6) 기타

임부복은 체형의 변화에 따라 치수조절이 가능하도록 하며 착 · 탈의가 쉽고 가벼우며 기능성과 보온성 등 소재의 중량까지도 고려하여 디자인되어야 한다. 특히 장애인 의복은 특수한 신체적인 기능장애의 상황을 고려하여 디자인되어야 한다. 특수방호복, 특수환경 의복은 특수한 환경상황을 고려하여 대응 가능하도록 디자인된 의복이며, 무대의복은 대부분 연극이나 춤 등 움직임이 많은 환경에 착용하게 되므로 대응이 가능하며 상황에 적합하게 디자인되어야 한다.

SECTION 02 | 의복의 생산

의복의 생산방식은 섬유시장의 환경변화에 따라 산업체의 경쟁력을 유지하기 위한 경영방식으로 전환되고 있다. 대체적으로 의류산업체들은 컴퓨터와 관련한 정보기술을 도입하여 생산성을 기준으로 연구 · 개발하여 생산에서 소비까지 전 분야에 걸쳐 정보기술과 연계하여 의류산업에 대변혁을 가져왔다. 이제는 시대변화에 따라 대량생산의 한계성을 맞이하게 되었고 다품종 소량생산체제의 확립으로 변화를 가져오고 있다.

생산방식에 컴퓨터를 접목한 디자인(Design), 패턴 제작(Pattern Making), 그레이딩(Grading), 마킹(Marking), 재단(Cutting), 봉제(Sewing) 및 프레싱(Pressing) 공정들은 많은 생산 공정시간을 단축시킬 뿐만 아니라 제품의 기획에서 경영까지 통합관리가 가능하게 하였다. 대량생산과정은 기업의 규모나 제품에 따라 차이를 보이지만 일반적으로 제품의 제조과정은 다음과 같다.

(1) 의복의 소량생산(주문복)

소량생산(주문복)에서 개별제작은 착용자(개인)의 착용목적에 부합하는 디자인, 소재, 착용자의 개성과 가치관에 따른 욕구를 충분히 충족시키는 것을 목표로 한다.

디자인과 소재 결정	착용자의 착용목적에 따라 아이템을 선정. 아이템에 적합한 디자인과 소재를 선택하여 착용의 요구사항을 충분히 고려한 후 의복을 설계한다.
인체측정 · 제도설계	착용자의 체형 특성을 고려하여 인체를 측정한 후 패턴설계 시 이를 참고 · 적용하여 체형에 적합한 설계가 되도록 주의한다.
패턴 제작(평면 · 입체)	디자인에 근거하여 평면설계 또는 입체설계 또는 평면과 입체설계를 병용하여 패턴을 제작한다.
옷감(원단검단 · 재단)	옷감을 충분히 점검한 후에 재단하여 옷이 변형되거나 오작이 되지 않도록 주의한다.
시착 · 가봉	시착과 가봉은 의복이 체형과 디자인에 적합하도록 실루엣이 정돈되어 있는지 실험 제작하여 피팅 후 치수와 디자인을 확인하여 적합하도록 보정하기 위한 작업이다.
가봉 · 보정	가봉은 의복이 체형과 디자인에 적합하도록 실루엣이 정돈되어 있는지 피팅 후 치수와 디자인을 확인하여 최초의 디자인과 치수의 적합성에 맞추어 보정하기 위한 작업이다.
보정 · 부자재 준비	가봉과 보정을 마무리하고 해당 제품의 안감과 심지 및 필요한 부속품을 준비한다.
본 봉제	본 봉제는 소재와 디자인에 따라 각각의 특징을 잘 이해하여 제작하도록 한다.
중간 가봉	본 봉제 과정 중에 소재의 특성에 의해 디자인의 상이 치수의 정확도를 재점검하는 과정이므로 반드시 거쳐야 하는 과정은 아니다.
완성 · 착장점검	마무리 작업이 다 끝난 후에 착용자에게 완성된 의복을 착장시킨 후 디자인과 치수가 올바르게 완성되었는지 확인한다.

▲ 상품개발의 프로세스(Process) : 소량생산

(2) 의복의 대량생산(기성복)

대량생산되는 기성복은 많은 사람들의 공감을 얻을 수 있는 패션성과 적합성이 요구되며 불특정 다수의 사람을 대상으로 하므로 사이즈가 맞으면 누구나 착용이 가능하다. 대량생산(기성복)은 개인의 체형 특성을 고려하지 않고 체형 중에서 표준이 되는 치수에 근거해 기본패턴을 제작하여 대량으로 생산 · 제작한다.

1) 상품기획(Merchandising)

생산을 위한 상품기획은 소비자가 필요로 하는 제품을 예측하여 상품으로 구현하는 활동이며, 구현된 제품을 합리적인 가격으로 적절한 시기와 장소에 적합한 물량을 공급함으로써 소비자의 욕구를 충족하고 구매동기를 유발할 수 있도록 계획하고 실행하는 것이다. 머천다이징(Merchandising) 활동이라고도 한다.

2) 샘플(Sample) 제작

디자인을 스케치한 계획서를 샘플로 완성하기까지의 과정을 의미한다. 디자이너는 샘플 제작 전 과정에 대하여 책임을 지고 참여하게 되므로 패턴 제작과 봉제 등 제조에 관한 전 과정을 이해하고 기술을 습득해야 한다. 또한 각 제작자들이 제작의뢰서를 보고 원활하게 제작할 수 있도록 제조의 전 과정(재단과 봉제, 부자재목록 등)의 전달사항을 상세하고 정확하게 기록해야 한다.

상품기획	정보수집 및 정보 분석	마케팅 환경과 시장정보, 소비자정보, 패션정보, 지난 시즌 판매실적정보
	표적(Target) 시장정보	시장세분화, 시장표적(Target)화, 시장 포지셔닝
	디자인(Design) 개발	디자인 콘셉트 설정, 코디네이트 기획
	소재기획	소재기획, 색채기획
	샘플(Sample) 제작	원(부자재)자재 선택, 샘플사양서 작성
	상품구성기획	생산예산기획, 타임스케줄 설정
	브랜드(Brand) 설정	브랜드(Brand) 방향 설정
	마케팅기획설정	브랜드 이미지 설정, 브랜드 시즌과 콘셉트 설정, 4P's 전략
제품생산기획	예산계획	판매예산, 생산예산, 비용예산, 수익예산
	품평 및 수주	디자인, 사이즈, 수량, 납기일정 결정, 샘플패턴 수정
	생산의뢰계획	공장운영계획(생산수량계획), 작업지시서(재단, 심지부착, 봉제수량계획, 검품계획)
	원 · 부자재 발주, 입고	원 · 부자재 입고, 검품, 수량 확인
	양산용 샘플제작 확인	디자인 확인, 소재(컬러) 확인, 사이즈 확인
제품제조기획	생산의뢰서 접수	디자인 확인, 패턴 확인, 그레이딩 확인, 봉제 확인, 출고시기 확인
	대량생산용 샘플 제작	디자인 확인, 소재의 물성 확인, 소요량 확인, 작업공정과 방법 제시
	생산용 패턴 제작	패턴수정 및 보완, 그레이딩, 패턴(마스터) 제작
	그레이딩, 마킹	사이즈와 수량을 확인한 후 디자인의 실루엣을 유지하면서 마스터패턴을 기준으로 편차에 따라 확대, 축소하여 다양한 사이즈의 패턴을 제작
	재단	원(부자재)검사, 연단, 마킹, 재단, 작업순서 번호작업, 심지작업, 정밀재단
	봉제	공정분석, 공정편성, 레이아웃, 부품제작, 몸판 조립
	중간검사	디자인 적합도, 소재의 적합성, 봉제완성도, 제품의 완성도
	완성	제사처리, 단춧구멍 제작, 아이론 프레스 작업, 단추 달기
	최종검사	디자인, 소재, 봉제완성도, 제품의 완성도 확인
	포장	제품의 오염 방지와 상품가치를 위해 포장
	출하	출하 및 제품의 잔량 확인

▲ 개발의 프로세스(Process) : 대량생산

3) 샘플(Sample) 제작의 프로세스(Process) 및 품평회

① 디자이너는 디자인 스케치와 샘플 제작을 위한 내용이 기록된 생산의뢰서를 작성하여 생산 파트로 넘긴다.

② 샘플 제작 의뢰서에 적합한 샘플 패턴(Sample Pattern)을 제작한다.

- 패턴제작방법 : Flat Pattern(평면), Draping(입체재단), Rob Off(판매상품에서 패턴 산출), Measurment(주문 판매를 위해 인체의 세부사항을 반영한 패턴 제작)

③ 기준사이즈 인대(Body)와 피팅 모델에게 제작된 샘플의류를 착용 · 가봉하며 보정한다.

④ 샘플제작실에서 완성된 제품의 완성도를 확인한다.

⑤ 기획, 생산, 영업, 판매의 관련자들과 품평회를 통해 상품성이 있는 샘플을 선정한다.

⑥ 선정된 샘플이 대량생산으로 결정되면 양산을 위한 생산에 투입된다.

작 업 의 뢰 서			디자인실	담당	실장	개발실	담당	실장

Item			자체출고일		발행일	
Style No.			재단완료일		작업기간	
소재명			봉제완료일		관련 Style No.	

소요원부자재(P/C당) 소요내역					DESIGN〈상세도해〉	

소재명	규격	소요량	단가	금액		완성치수(상의)	
원단(A)	″	y				총기장	
″ (B)	″	y				가슴둘레	
안감	″	y				밑단둘레	
주머니감	″	y				어깨넓이	
심지	″	y				소매길이	
″	″	y				화장	
실	d	c				소매통	
실	d	c				A.H.	
벨트심지		y				손목둘레	
Pad						목둘레	
단추	mm					밴드 높이	
″	mm					칼라 길이	
″	mm					후드 넓이	
버클	″					후드 높이	
테이프							
겉고리							
고무줄							
스냅						완성치수(하의)	
장식						허리둘레	
비즈						엉덩이둘레	
벨크로						하의 길이	
아일렛						앞밑위	
마이깡						뒷밑위	
지퍼						허벅지	
돗트						무릎	
스티치사						바지부리	

스티치			SWATCH	봉제시 유의사항	수정사항
땀수					
안감					
Main Label					
총칭 Label					
Care Label					
취급주의 Label					
가격 Teg					

세탁표시	혼용률 표시	원자재	폭	요철	배색감	폭	요철
클리닝 물세탁	겉감 Wool(모) 100% 안감 Polyester 100%	60inch 2.77%			44inch 0.5%		

4) 제품생산과정 : 대량생산

상품기획안에 의한 제품(Sample)이 생산되고 품평회에서 스타일(제품)이 결정되면 다음과 같은 과정을 거쳐서 대량생산이 이루어진다.

① **대량생산 결정** : 상품기획안에 의해 제품(Sample)들이 생산되면 품평회에서 적합한 스타일(제품)로 의견을 모아 대량생산을 결정한다.

② **산업용(Industrial Production Pattern) 패턴 제작** : 생산이 결정되면 패터너(Production Pattern Maker)는 봉제방법을 분석하고 산업용 패턴으로 제작한다. 소재 이용을 최적화하여 소재에 의해 봉제공정 중에 발생될 문제점을 보완하고 의복의 디자인과 형태를 유지하면서 최소의 소요량으로 경제적인 대량생산이 될 수 있는 방법을 선택한다. 불필요한 디테일은 제거하고 원·부자재의 낭비를 줄이면서 최적의 패턴으로 합리적인 디자인이 되도록 컴퓨터를 활용하여 신속성과 정확성을 향상시킨다.(패턴에는 스타일넘버, 제작연도, 사이즈와 수량, 식서방향 등을 표기해야 하며, 겉감패턴, 안감패턴, 심지패턴을 각각 표기해야 한다.)

③ **그레이딩(Grading)** : 대량생산의 경우 불특정다수의 착용자를 위해서 타깃(Target)으로 하는 소비자의 신체특성을 고려하여 적합한 상품이 공급되도록 동일한 디자인으로 여러 사이즈를 생산하게 된다. 최초의 디자인과 실루엣을 유지하면서 마스터패턴(Master Pattern)을 기준으로 치수의 편차에 의해 확대, 축소하여 다양한 사이즈의 패턴을 제작하는데, 이 과정을 그레이딩이라 한다. 마스터패턴의 정확성은 그레이딩된 모든 패턴에 영향을 미치게 되므로 오차 없이 정확하게 제작되어야 한다. 일반적으로 신체 기본치수는 상의는 가슴둘레, 하의는 허리둘레와 엉덩이둘레를 기준으로 한다. 그러나 인체는 가슴둘레 또는 허리둘레나 엉덩이둘레에 의해 일률적인 비례로 변화하지 않으므로 부적합한 부위가 발생하게 된다. 그러므로 체형별 사이즈를 고려하여 적합한 그레이딩 편차가 설정되도록 해야 한다.

④ **마킹(Marking)** : 마킹은 원자재 사용비율에 따라 원가절감에 미치는 영향이 매우 크므로 원단 위 패턴들의 적절한 배치를 통한 효율적인 마킹 작업은 중요한 공정이다. 일반적으로 원단로스를 최소화하도록 큰 패턴을 먼저 배열하고 작은 패턴들을 끼워 넣는 방법으로 하면서 원단의 올 방향을 맞추는 주의를 요한다. 때로는 원단효율을 높이거나 디자인에 따라 변형배치를 하기는 하나 자칫 제품의 완성치수나 솔기에 영향을 미쳐 옷이 틀어지거나 품질을 떨어뜨리는 요인으로 작용하게 된다.

특히 결이 있는 원단이나 방향성이 있는 체크무늬, 꽃무늬, 기모직물, 광택이 있는 직물 등의 패턴마킹에는 한쪽 방향의 배열로 각별한 주의를 요하게 된다. 또한 패턴몰인 원단들은 무늬를 좌우대칭의 균형을 이루도록 하는 주의와 안목이 필요하다.

⑤ **원·부자재 입고** : 원자재(원단)와 부자재(안감, 심지, 테이프, 지퍼, 단추 등) 머천다이저(상품기획 담당자)가 원단을 발주하고 부자재 관계는 패턴 메이커에 의해 봉제작업지시서에 기재된 것을 생산담당자(임가공비 견적 및 결정자, 납기 관리자)가 부자재업체에 발주한다.

- 소재(원단) 선정의 조건 : 치수 안전성, 연단성, 재단성, 봉제성, 다림질성
- 부자재(안감, 심지) 선정의 조건 : 겉감과의 조화, 실루엣의 손상 여부, 원자재(겉감)의 결점 보완, 심지는 겉감에의 접착력, 겉감에 접착수지의 노출 등

⑥ 검단(원단) 및 방축

- 원사검사 : 적합한 원·부자재를 선택하는 것은 품질 좋은 제품의 합리적이고 능률적인 생산을 위한 필수요건이며, 원자재의 품질검사는 제품 불량을 사전에 방지하여 좋은 제품을 생산하기 위한 중요한 요소이다. 원단은 짜임새, 뒤틀림, 길이, 너비, 색, 무늬, 질감, 염색 상태 등 원단제작시 생긴 흠결, 오염 등 검단기를 거치면서 확인하는 작업이 필요하다. 또한 간과하기 쉬운 소재(원, 부자재)의 수축률은 중요한 검사항목으로 인식되고 있다.
- 방축 : 원단은 제직할 때 장력을 받게 되므로 원단을 풀어서 원단에 가해진 불필요한 장력을 제거하고 자연스런 상태로 만든다. 특히 모 섬유는 습도와 흡수성이 높아 치수안전성에 노출되어 있으므로 수축되거나 늘어나 있는 섬유에 치수안전성을 부여하기 위해 축융 처리가 이루어지고 있다. 이를 스펀징(Sponging) 가공이라 하며, 때로는 합성섬유의 경우에도 이 공정을 거친 후에 봉제성을 높이기도 한다.

참·고

스펀징(Sponging)머신	고온의 증기를 이용하거나 액체질소로 급냉각하여 고온 속을 통과시켜 수축시키는 가공방법

⑦ 연단(Spreading) : 연단은 동시에 많은 양의 제품을 재단하기 위해 원단을 적당하고 일정한 길이로 끊어서 직물을 여러 겹으로 겹치는 작업을 말한다.

연단의 길이는 일반적으로 마킹에 의한 요척 길이보다 약 2~4cm를 더하여 설정하며, 직물연단은 한방향(일방향) 연단, 왕복(양방향) 연단, 표면대향(맞보기) 연단 등이 있으며, 편성물 연단에는 환편기 연단(원형), 횡편기 연단(횡편기)이 있으므로 원단의 특성에 따라 연단방향을 선택한다.

예를 들면 광택이 있는 직물, 상하 구별이 되는 패턴직물 또는 빛의 방향에 따라 색상이 달라보이는 기모직물 등은 한쪽 방향으로 연단해야 한다. 무늬가 없는 평직물의 원단은 연단효율성이 높고 경제성이 높은 왕복 연단방법이 적합하다.

맞대응 연단은 시간적인 효율이 가장 낮고 난이도가 높은 연단방법으로 특수한 문양이나 기모가 긴 직물에 적합하다. 직물을 연단할 때 무리한 장력을 주지 않아야 하며, 신축성이 있는 직물은 연단 후 일정 시간 동안 방축하는 것이 바람직하다. 또한 직물의 올 방향이 고르고 주름이 가지 않게 배열해야 한다.

직물의 폭이 다른 연단에서는 좁은 폭이 위에 놓이게 연단하며, 연단 도중 원단을 이어야 할 경우 패턴이 충분히 놓일 수 있도록 원단을 겹쳐 연단한다.

⑧ 재단(Cutting) : 재단작업대 위에 적당량으로 연단된 원단을 놓고 맨 위에 마커지를 고정시킨 후에 재단기를 사용하여 정확하게 재단작업을 한다. 각종 전동재단기(Straight Knife, Band Knife, Round Knife, Hot Notcher, Hot Drill 등)가 Water Jet, Laser 등과 컴퓨터를 연결시켜 자동기기로 패턴 제작과 재단이 이루어지기도 한다.

재단에서 연단의 두께로 인하여 불량이 발생하기 쉬운 상층부와 하층부의 Cutting, 너치, 드릴, 구멍 뚫기 등의 작업에서 치수 차이가 발생할 수 있으므로 주의 깊은 정밀도가 요구된다.

- 번들 작업
재단된 각 피스에 패턴과 비교, 확인하여 번호를 달아놓는다. 번들 작업은 생산일정에 맞추어 로트별, 사이즈별, 색상별로 재단된 각 피스별 차례로 번호를 달고 봉제공정에 따라 묶거나 상자에 담아 조합작업이 정체되지 않도록 준비해두는 작업을 말한다.

5) 봉제공정

봉제공정은 의류업체 산하 자체공장에 의한 생산(In-sourcing)과 하청공장(Out-sourcing)에 위탁하는 생산형태로 분류된다.

대부분의 기성복업체는 견본(Sample)만 자체공장에서 생산하고 나머지는 하청공장에 의존하는 실정이다. 대기업들은 대체로 전속 하청공장을 두고 있으며 소규모인 중소기업이나 디자이너 브랜드들은 자체공장에 의한 생산체제를 갖추고 있다. 대부분의 기성복업체들은 양산용 견본을 검토하기 위해 표준지침서를 활용한 대량생산용 견본을 제작하는데 기업들은 이 표준지침서에 따라 공정을 엄격하게 확인한다.

① 심지 부착 : 겉감에 접착심지를 전체 또는 부분에 부착시키는 것은 실루엣의 형태를 잡고, 봉제작업의 능률을 고양시킨다. 심지의 자동접착공정은 테이핑작업공정을 단축하고 간소화하여 능률적인 작업으로 생산성 향상에 커다란 변화를 가져왔다.

> • 봉제(Sewing)
> 대부분의 대기업의 기성복 업체들은 샘플만 자체공장에서 생산하고 나머지는 아웃소싱에 의존하고 있다. 대기업들은 대부분 전속 하청공장을 갖추고 있으나 소규모 중소기업이나 디자이너 브랜드들은 자체공장에 의한 생산체제를 갖추고 있다.
> 기성복업체들은 양산용 샘플을 검토하기 위해 표준지침서를 활용한 대량생산용 샘플을 생산공장에서 제작하는데, 이때 기업들은 이 표준지침서에 따라 엄격하게 확인한다. 재단물에 표기된 일련번호는 재단물의 섞임과 이색을 방지하며, 봉제과정에서 정확한 의복제작을 돕는다. 심지접착 또는 입체감이 필요한 열처리 등 겉감과 안감, 심지, 테이프, 지퍼 등 부자재들은 적당량을 묶어 봉제사들에게 배당한다.
> 스타일 번호와 치수, 호칭을 표시하여 묶은 다발들은 생산라인을 정한다.
> 이렇게 한 벌의 의복이 완성되기까지는 여러 단계의 봉제공정을 거치며, 분업이 진행된다. 그러나 소규모업체에서는 전문봉제사가 있어 단처리 등 일부 공정을 제외한 대부분의 봉제공정을 전담한다.

② 프레스 및 완성(Press & Completion) : 프레스 공정은 심지 부착 프레스, 중간 프레스, 소재나 디자인 그리고 부위별로 마무리(후처리)하는 프레스로 분류된다.

> • 중간 프레스 : 작업 도중에 형을 잡고 입체감을 살리기 위해 소재와 디자인 소재의 물성에 따라 적합한 프레스기를 사용한다.
> • 마무리(후처리) 프레스 : 봉제작업이 완료된 후 바디프레스기나 Hoffman 프레스기를 이용하여 디자인에 적합한 형태를 살리며 실루엣을 점검한다.

③ 품질검사(Quality Control) : 재봉기에서 봉제가 끝난 제품은 모양(태)을 갖추기 위해 마지막 손질을 한다. 작업 중에 오물과 실밥, 원단에 표시된 자국들을 모두 제거한 후 프레싱으로 옷의 입체감과 형태의 안정성을 갖춘 옷이 되기 위해 필요한 부분에 주름을 잡거나 작업 중에 생긴 구김을 펴주는 공정을 거친다. 대량생산 시에는 봉제 도중의 다림질은 최소화하고 프레싱으로 마무리한다. 이는 프레싱의 전문업체에서 작업되기도 한다. 제품이 완성되면 원단 및 봉재상의 불량, 염색견뢰도, 세탁견뢰도, 착용시험 등 객관적 · 주관적 방법으로 검사한다. 디테일한 부분의 정확한 제작 여부와 중요한 부위의 치수검사와 외관검사, 품질검사로 생산 공정이 완료된다.

> • 치수검사   • 외관검사   • 품질검사

④ 포장

⑤ 출하(Shipping) : 품질검사를 마친 제품들은 상품으로서 각 도매상 또는 매장에서 원하는 납기일에 맞추어 출하한다.

 참·고

레이아웃(Layout) 레이아웃은 생산방식에 따라 효율적인 생산을 위해 작업자와 기계설비를 배치하는 것이다. 작업자는 기능, 능력에 따라 적합한 공정의 할당과 효율적인 공간 사용을 위한 기계 배치를 하는데 이를 통해 합리적인 공정의 흐름으로 생산성의 향상과 생산량의 증가로 원가를 절감할 수 있도록 해야 한다.

- 장점 : 운반거리와 생산기간이 짧아지며, 공정순서의 적합한 배치로 관리가 편리하여 작업진행상황 파악이 용이하다. 작업자의 숙련도를 요구하지 않으므로 생산능률이 높아지며 봉제작업의 손실을 최소화할 수 있다.
- 단점 : 생산관리자의 지식과 경험이 요구되며, 공정순서의 변경에 따라 기계의 재배치가 이루어져야 하므로 유연성 있는 대처가 어렵다. 그리고 작업자의 결원에 따라 원활한 작업과 작업능률저하를 가져올 수 있다.

❶ 컨베이어 시스템(Conveyer System) : 벨트컨베이어, 트롤리컨베이어, 롤러컨베이어 등 컨베이어를 공정 간의 운반과 완성 작업에 사용하며 다품종 소량생산에서 많이 사용된다.
- 장점 : 혼합생산으로 소품종 대량생산과 다품종 소량생산이 가능하여 설비 및 인원배치가 용이하며, 작업의 중간검사가 가능하다. 작업자 개인의 생산량 파악이 용이하여 완성도의 관리가 쉬워진다.
- 단점 : 설비비 부담으로 제품의 종류에 따른 시설이 부족하고 재료 운반에 차질을 초래하기도 한다.

❷ 번들 시스템 : 묶음단위로 작업이 이루어지며, 소품종 대량생산 시스템으로 중소기업에서 많이 사용하고 있다.
- 장점 : 작업자가 전후공정의 흐름에 영향을 받지 않으므로 부담이 적으며, 개개인의 생산량을 쉽게 파악할 수 있다. 지연되는 공정에는 인원을 충원하여 공정균형을 유지시켜 기계의 가동률을 높일 수 있다.
- 단점 : 묶음단위로 작업이 진행되므로 공정상황을 파악하기가 곤란하고, 작업자 개인에게 필요한 공간의 면적이 넓어야 한다.

❸ 싱크로나이즈 시스템 : 작업단위에 따라 공정분석이 다양하게 구비되는 기계설비로 작업흐름이 세부적으로 진행되기 때문에 봉제공정시간이 균등하게 이루어지는 방식이다.
- 장점 : 작업자의 높은 숙련도가 필요 없고, 생산시간의 속도 조절이 가능하다. 또한 공정과정을 파악하기가 쉬워 제품의 불량 파악이 용이하다.
- 단점 : 균등한 기계가동시간을 유지할 수 있는 분석능력과 판단이 요구되며, 작업실이 넓고 부대설비비가 많이 소요되므로 공간 간에 작업자 개인이 움직이는 이동거리가 너무 길다.

❹ 페어 시스템(Pair System) : 다품종 소량생산에 적합하며 작업자가 품종에 따라 10~20명으로 한 개의 팀으로 구성되어 공정을 담당하므로 유행의 주기가 짧은 숙녀복에 많이 사용되는 시스템이다.
- 장점 : 작업관리가 용이하여 제품파악이 쉽고 레이아웃이나 작업팀 조직이 가능하다. 작업자의 다양한 기술습득과 개인의 실적관리가 용이하여 관리하기가 쉽다.
- 단점 : 품종에 따른 특수기계가동률의 부담이 크고 제품을 전반적으로 해결할 수 있는 능력이 요구되므로 생산능률의 저하가 따를 수 있다.

❺ JIT System(Just in time System) : 생산단계마다 소요시간을 최소화하기 위해 컴퓨터를 사용하여 신속한 공정이 이루어지게 한다.

❻ QRS(Quick Response System) : 미국에서 개발한 통합 시스템으로 전자공학과 기계공학의 융합된 신속대응 시스템으로 생산기획부터 생산과정 및 재고시간을 효율적으로 단축시킨다. CIM(Computer Integrated Manufacturing)은 컴퓨터를 이용하여 의복을 생산하는 것이다. 경영과 생산프로그램과는 관계없이 도입할 수 있으며, CAD, CAP, CAPM, CAM의 결합으로 이루어진다. CAD는 디자인과 구성, CAP는 기획과 조정, CAM은 생산을 하는 프로그램으로 작업자가 중앙컴퓨터로 여러 개의 기계를 동시에 사용하는 시스템이다. CIM은 이러한 전 기능을 자동 제어할 수 있는 통합생산 시스템이며 모듈 시스템(Modul System)이라고도 한다.

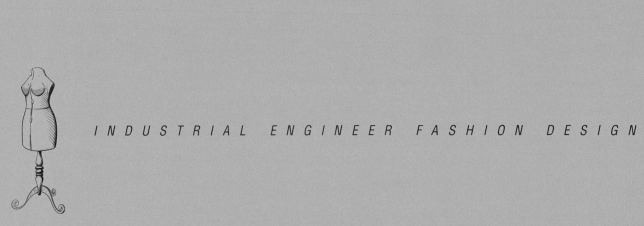

INDUSTRIAL ENGINEER FASHION DESIGN

FASHION
DESIGN

CHAPTER

02

의복제작을
위한 기구

*Tool for
the Apparel Production*

02 CHAPTER

의복제작을 위한 기구

봉제 기구 및 용구 의복을 제작하기 위해서는 치수측정용구, 제도설계용구, 재단용구, 봉제용구 등 많은 도구를 사용하게 된다. 양질의 제품생산을 위해서 사용목적과 용도에 따라 적합한 도구를 사용하는 것은 작업능률 및 제품의 질을 향상시키는 데 중요한 역할을 한다.

SECTION 01 | 의복제작을 위한 봉제 용구

의복을 제작하기 위해서는 많은 도구가 사용된다. 사용목적에 따른 적합한 도구의 사용은 정확한 작업을 위한 능률을 향상시킨다.

① 재봉기(Sewing Machine) : 재봉기는 매우 중요한 봉제용구이며 그 종류도 다양하다. 용도별로 가정용과 공업용으로 구분할 수 있으며, 이동이 간편하고 편리하게 사용할 수 있는 전동식이 주류를 이루고 있다.

가정용 재봉기

수동공업용 재봉기

자동사절 재봉기

인터록 재봉기

오버로크 재봉기

② 보빈과 보빈 케이스(Bobbin & Bobbin Case) : 보빈(북)은 재봉기에 사용되는 밑실을 감는 부품이고 보빈 케이스(북집)는 보빈과 세트를 이루어 사용되는 용구로서 가정용과 공업용의 2종류로 분류되어 사용되고 있다.

가정용

공업용

③ 누름대(Presser Foot) : 누름대는 노루발이라고도 하며 바늘과 실이 천을 관통하는 동안 옷감은 노루발과 톱니에 의해 고정된다. 재봉기의 톱니가 하강 → 후퇴 → 상승 → 전진을 반복하는 동안에도 노루발은 계속 옷감(천)을 누르고 있으므로 옷감(천)을 팽팽하게 당기면서 실땀의 길이만큼 옷감(천)을 뒤로 밀어주게 된다.

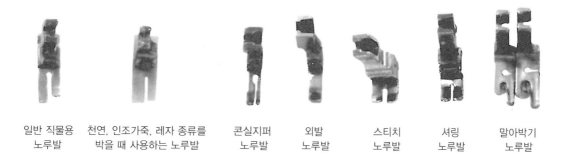

일반 직물용 노루발	천연, 인조가죽, 레자 종류를 박을 때 사용하는 노루발	콘실지퍼 노루발	외발 노루발	스티치 노루발	셔링 노루발	말아박기 노루발

④ 바늘(Needle) : 바늘은 손 바늘과 재봉기 바늘로 나눌 수 있으며 소재의 종류나 물성에 따라 선택하여 사용하게 된다.

손 바늘	재봉기 바늘 가정용	공업용 11호	공업용 14호	공업용 16호	오버로크 바늘

⑤ 실(Yarn, Thread) : 실은 재료와 굵기에 따라 다양한 종류가 있으며, 소재의 두께나 물성에 따라 용도에 적합한 실을 선택하여 사용해야 한다.

⑥ 골무(Thimble) : 골무는 재료에 따라 형태와 용도가 다양하다. 대체로 장지의 첫째 마디에 끼우고 사용하도록 되어 있고 골무의 홈진 곳에 바늘귀를 대고 밀어줄 때 사용한다.

⑦ 실밥가위(Drawn Thread Shears) : 옷감을 박거나 마무리하는 과정에서 나머지 실을 제거할 때 사용한다.

⑧ 쪽집게(Tweezers) : 완성된 옷의 실이나 실밥을 제거할 때 사용한다.

⑨ 리퍼(Seam Ripper) : 봉제과정에서 박은 솔기를 뜯어야 할 때 칼끝을 박은 땀과 땀 사이에 집어 넣고 사용한다.

⑩ 니들 스레더(Needle Threader) : 바늘귀에 실을 꿸 때 사용하는 도구이다. 도구 ❶은 손바늘에 사용되고 도구 ❷는 손바늘이나 재봉기 바늘에 모두 사용된다.

❶   ❷

⑪ 루프터너(Loop Turner) : 옷감으로 루프를 만들어 쓸 때 사용한다.

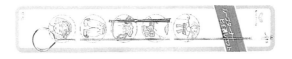

⑫ 핀(Pin) : 가봉 시 보정해야 할 때나 두 장 이상의 옷감을 서로 맞추어 고정시킬 때 사용한다.

⑬ 핀쿠션(Pin Cushion) : 쿠션에 바늘이나 핀을 꽂아 변질을 방지하고 가봉과 입체재단을 할 때 손 목에 끼고 사용할 수 있도록 고무 밴드가 있다.

⑭ 프레스볼(Tailor's Ham) : 의복을 제작하는 과정이나 완성 제품을 인체와 같은 곡선과 입체감을 내는 것으로 인체의 모형에 따라 만들어진 프레스볼을 이용하여 다림질로 형태를 잡는다.(가슴, 허리, 엉덩이, 어깨 등)

⑮ 포인트 프레서(Point Presser) : 의복의 특정한 부분의 특징을 그대로 살리고자 할 때 마무리용으로 사용한다.

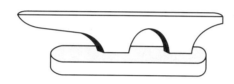

⑯ 말판(Duplex) : 의복의 제작과정에서나 완료되었을 때 심한 곡선과 원통으로 제작되어 평면에서 다림질이 어려운 상황일 때 사용한다.(소매통, 바지통, 밑위부분, 겨드랑이 등)

⑰ 니들보드(Needle Board, Pin Board) : 첨모직물이나 기모상태의 털이 길어 눌림으로 인한 직물 상태 손상을 최소화하기 위해 다리미판에 바늘과 같은 철사로 촘촘히 심어 제작되어 사용하고 있다.(벨벳류 직물)

⑱ 송곳(Stiletto) : 옷감을 겹쳐놓고 동일한 위치를 표시하거나 제작과정에서 각이 진 모서리의 형태를 잡고자 할 때 사용된다.

섬유의 특성에 적합한 온도, 압력, 수분 조절이 매우 중요한 다림질이나 프레스 작업은 의복을 입체적으로 만들고 외관의 완성도를 결정하는 요인이 된다. 다림질이나 프레싱의 목적은 천의 구김을 없애거나 형태를 고정시키며, 솔기와 끝을 평평하게 하여 완성된 의류의 외관을 아름답게 하는 데 있다. 프레싱 정도에 따라 의복에 많은 영향을 주며 잘못된 프레싱으로 인해 눌림이나 용해, 프레싱 자국 및 불필요한 광택 등이 나타날 수 있으므로 주의가 요구된다.

다리미는 대표적으로 건열다리미, 증기다리미, 전기에 의한 증기다리미가 있으며, 다리미의 무게는 1.5~4kg 정도이고 크기와 폭은 60~180mm, 길이는 200mm 내외이다. 온도는 다이얼로 조절 가능하며 온도분포의 범위가 클수록 작업이 용이하다.

(1) 다림질 용구

① 다리미(Iron)와 부품 : 의복을 제작하는 과정이나 완성되었을 때 열과 수분을 이용하여 형태 (Silhouette)를 만들고자 할 때 사용된다.

| 다리미 | 다리미 신발 | 다리미 거치대(고무판) | 물통 |

② 아이론 슈즈 & 커버(Iron Shoes & Cover) : 천을 다림질할 때 구김이나 솔기 심지 부착 시 다리미와 옷감의 직접 마찰로 인한 옷감의 손상을 줄이고 적당한 수분을 사용하므로 능률을 향상시킨다.

③ 마무리용 프레스볼(Press Ball) : 의복을 제작하는 과정에서 소매나 팬츠 등 원통형으로 봉제되어 다림질하기가 불편할 때 주로 사용되는 도구로서 소매용 매트, 팬츠용 매트 등 부위별 전용으로 사용할 수 있는 매트가 다양하다.

④ 베큐엄 프레스(Iron Board) : 다리미대는 작업의 진행 과정에서 사용하는 것과 완성된 제품을 끝손질할 때 사용하는 것이 있다.

(2) 다리미 온도와 옷감의 관계

섬유가 상하지 않도록 구김을 펴고 옷감을 정리하려면 각 섬유에 적합한 온도를 선택해야 한다. 그러므로 다리미의 온도는 옷감의 조직, 두께, 사밀도, 물성, 가공방법, 다리미의 중량과 옷감의 접촉시간, 수분의 유무 등에 따라 적합하게 사용하여 다리미의 지나친 가열로 인한 다음과 같은 오류가 발생하지 않도록 주의해야 한다.

① **수축** : 가열로 인한 수축은 섬유의 연화점에 가까운 온도에서 나타나는 것이며, 천연섬유에 수분을 두고 다림질하거나 뜨거운 물에 침수 후 건조되었을 때 나타나는 현상이다.

② **변색** : 고온에 약한 염료는 다림질에 의해 변색이 되는데, 일시적으로 변색이 되었다가 다시 원래의 색으로 환원되는 경우와 영구적으로 변색되는 경우가 있다.

③ **경화** : 섬유가 가열로 인해 연화나 융착되어 냉각 후에도 그대로 굳어지는 경우이다. 비닐이나 나일론 등을 고온가열하면 이런 현상이 두드러진다.

④ **용융** : 폴리에스테르, 비닐론, 나일론 등의 합성섬유를 연화점 이상의 고온으로 다림질했을 때 섬유가 용해되어 일어나는 현상으로 다리미 밑에 융착된다.

(3) 프레스(Press)

직물에 사용되는 프레스 방법은 공정별로 분류하며 기초프레스, 부분프레스, 최종프레스로 분류한다.

① **기초프레스** : 봉제공정에 들어가기 전 겉감 안쪽에 심지를 부착하는 작업으로 심지를 접착함으로써 봉제 시 옷감의 변형을 방지하기 위한 공정이다.

② **부분프레스** : 봉제과정 중에 봉합부분을 다림질하여 형태를 잡아주는 프레스 공정이다.

③ **최종프레스** : 완성된 의복을 다리미 또는 프로그램 방식을 이용하여 인체의 굴곡이나 평면을 의류치수에 맞게 고정시켜 외관을 아름답게 하고 상품으로서의 가치를 높이기 위한 마무리 작업이다.

(4) 프레스기(Press Machine) : 접착프레스

프레스기는 열의 분포와 압력 그리고 습도조절이 균일하여 일반 다리미보다 능률적·경제적이다. 대부분 흡입장치가 되어 있으므로 급속히 건조와 냉각이 가능하여 형태고정이나 접착심지 사용에도 효과가 크며 소재의 수축방지에도 크게 영향을 미친다. 프레스기에는 연속형 롤러 프레스방식과 평판형 프레스방식이 있으며 연속형 롤러방식은 가열 및 롤러에 의해 연속적으로 이루어지므로 생산성이 높고 소재의 특성에 따라 적용 가능하여 널리 사용되고 있다.

퓨징프레스(Continuous Fusing Press)

그러나 프레스에 의해 표면의 털이 눕거나 이중접착이 발생할 수 있다. 평판형 프레스방식은 열판매트가 상하로 배열되어 가압에 의해 열판 위에서 작업이 이루어지므로 작업할 때 수축률과 변형이 적으므로 매우 얇은 직물에 심지를 포개놓기가 용이하다.

입체프레스기는 직물과 디자인의 특성에 따라 부분적으로 형태를 변형시키기도 하며 까다로운 옷감의 경우 입체프레스기를 사용함으로써 옷감의 절감과 생산시간을 단축할 수 있다.

SECTION 03 | 재봉기

재봉기의 발달과정은 기술의 발달과 시장논리 구조에 의해 변천되어 왔으며, 최초의 재봉기는 독일인 캐비넷 제조업자인 바이젠탈(Ch. F. Weisenthal)에 의해 바늘구멍이 있는 바늘을 사용하여 봉제 가능한 기계적 장치를 고안 · 제작하여 1755년경 영국에서 사용하기 시작했다. 그의 시도는 1790년 세인트(Th. Saint)에 의해 더욱 발전되어 단환봉 재봉기로 제작되었다.

그 이후 재봉기는 용도에 따라 특수재봉기가 고안되고 더욱 다양화되어 19세기 후반 수작업에서 기계작업 형태의 발전은 생산방법의 변화뿐만 아니라 의류생산의 노동과 시장구조에도 대변혁을 촉진했다. 현재 사용하는 본봉재봉기의 시초인 Lock Stitch Machine은 20세기에 이르러 일반화되었으며 재봉기는 현재 가정용과 공업용으로 분류하고 있다.

(1) 재봉기의 종류 및 분류

재봉기는 크게 공업용과 가정용으로 구분지을 수 있으며, 공업용 재봉기는 1976년 제정된 1987년 2차 한국공업규격 KS의 KS B 7007, "공업용 재봉틀의 분류에 대한 용어 및 표시기호"에 따라 분류한다. 그러나 시대변천에 따른 기계의 발달로 컴퓨터를 이용한 재봉기와 특수재봉기들이 다양하게 출현하고 있다. 공업용 재봉기는 기능상 필요한 장치(바늘대, 천평, 가마, 톱니, 노루발, 실 조절장치 등)들로 구성되어 있으며 생산에 적합한 속도와 내구성으로 제작되어 있다. 특수재봉기로는 자수용, 오버로크용, 인터록용, 단춧구멍용, 단추 달기용, 팔자뜨기용, 빗장막음용, 장식봉, 속감침질용, 본봉막음기용 재봉기 등이 있다.

가정용 재봉기

수동공업용 재봉기

자동사절 재봉기

인터록 재봉기

오버로크 재봉기

(2) 재봉기의 명칭

❶ 미끄럼판(Slide Plate)

❷ 바늘판(Throat Plate)

❸ 톱니(Feed)

❹ 노루발(Presser Foot)

❺ 바늘(Needle)

❻ 바늘잡이나사(Needle Clamp)

❼ 노루발조임나사(Presser Foot Clamp)

❽ 배사기(Thread Guide)

❾ 윗실조절기구(Tention Discs)

❿ 윗실조절기(Tention Regulator)

⓫ 실잡이바네(Thread Check Spring)

⓬ 배사기(Thread Guide)

⓭ 면판(Face Plate)

⓮ 실채기(Take-Up Lever)

⓯ 누름대조절장치(Presser Regulator)

⓰ 배사기(Thread Guide)

⓱ 아암(Arm)

⓲ 실걸이대(Spool Pin)

⓳ 밑실감기(Bobbin Winding Assembly)

⓴ 바퀴(Wheel)

㉑ 땀수너비조절(Stitch Width Regulator)

㉒ 땀수길이조절(Stitch Length Regulator)

㉓ 실감기스프링(Bobbin Winding Tension Spring)

㉔ 후진조절(Reverse Stitching)

㉕ 바늘대(Needle Bar)

㉖ 베드(Bed)

(3) 재봉기의 구조와 사용방법 설명

1) 재봉기 바늘에 실 끼우는 방법

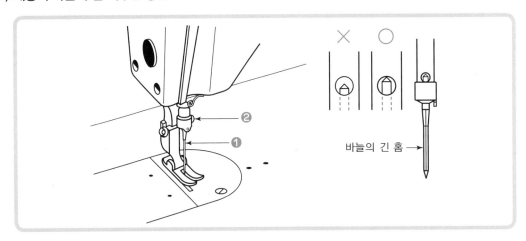

- 반드시 전원 스위치 Off 상태에서 실을 끼우도록 주의한다.
- 재봉기 바늘은 공업용(DB)을 사용한다.
- 바늘대가 최대치로 상승한 상태에서 바늘(❶)의 긴 홈이 좌측으로 향하게 끝까지 끼우고 고정나사(❷)를 고정시킨다.

2) 재봉기 윗실 끼우는 방법

실채기를 최상점으로 올려놓고 실을 끼운다.

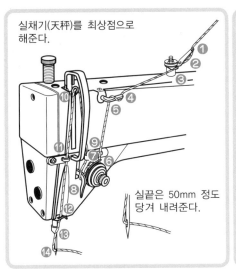

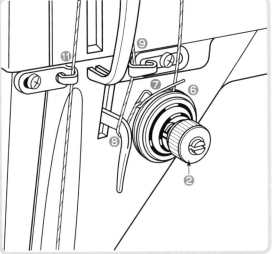

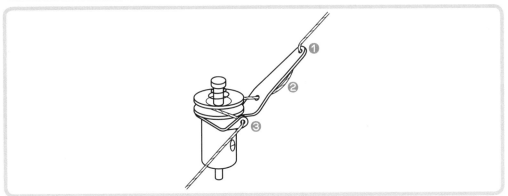

3) 윗실 장력조절방법

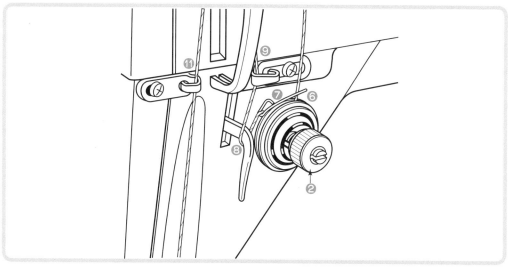

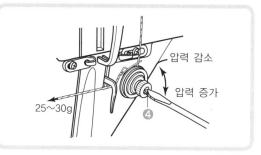

- 윗실 장력조절은 노루발을 내리고 조절나사(❷)를 돌리면서 조절한다.
- 실채기의 스프링 작동범위는 6~8mm가 표준이 되며, 장력은 25~35g이 표준이 된다.
- 실채기의 스프링 작동범위 조절은 고정나사(❸)을 풀고 윗실 조절기만 돌려 조절한다.
- 실채기 스프링의 강도 조절은 윗실조절기봉(❹)의 홈을 드라이버로 돌려 조절한다.

4) 봉재상태 땀수길이 조절방법

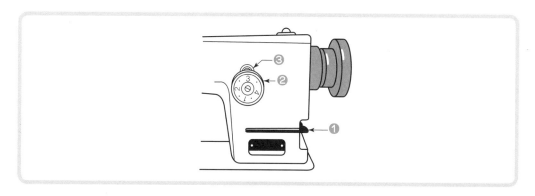

- 후진핸들(❶)을 중앙 위치까지 누르고 땀수 다이얼(❷) 숫자를 넛치핀에 맞추고 후진핸들을 놓아준다.
- 숫자가 커질수록 땀수의 길이가 커진다.
- 후진핸들장치(❶)를 누르면 박음질하던 천이 앞으로 역진하고 핸들을 놓으면 다시 복원되어 천이 뒤로 정진하는 자동복원장치이다.

5) 보빈(북)에 실 감는 방법

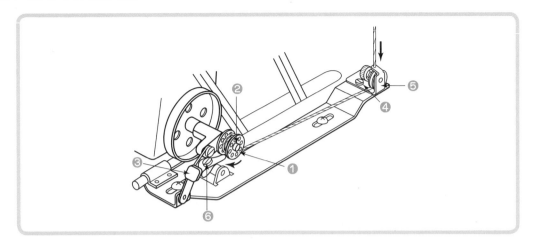

- 보빈(❶)을 대(❷)에 끼우고 끝까지 밀어 준다.
- 보빈(❶)의 실은 화살표 방향으로 여러 번 감은 후 보빈 누름판(❸)을 끝까지 밀어 준 다음 재봉기 전원을 넣고 운전한다.(이때 노루발은 올린 상태)
- 보빈(❶)에 실을 감는 양은 보빈에 넘치지 않도록 약 95% 정도로 해야 고른 봉제 상태가 된다. 이때 감는 양을 조절하려면 조절나사(❻)를 사용하여 조절한다.

6) 보빈 케이스(북집)에 보빈(북) 끼우는 방법

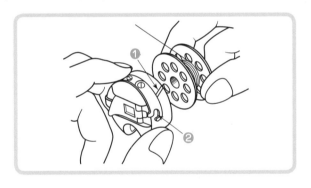 

- 보빈케이스에 그림과 같이 보빈을 넣고 실을 홈(❷)의 실구멍으로 당기면서 보빈케이스 봉에 보빈을 맞추어 밀어 넣는다.
- 이때 보빈케이스에서 당겨진 실의 길이는 너무 길지 않도록 10cm 전후로 한다.
- 위의 오른쪽 그림은 보빈을 끼우고 실을 당긴 상태의 모습이다.

7) 재봉기에 보빈케이스(북집)를 끼우고 빼는 방법

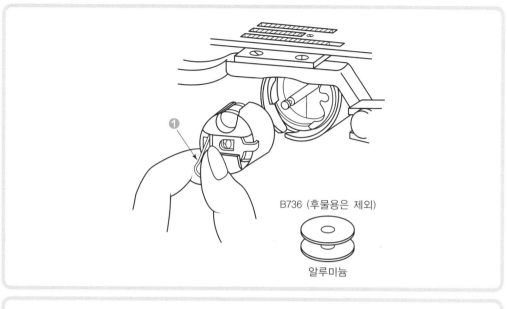

B736 (후물용은 제외)

알루미늄

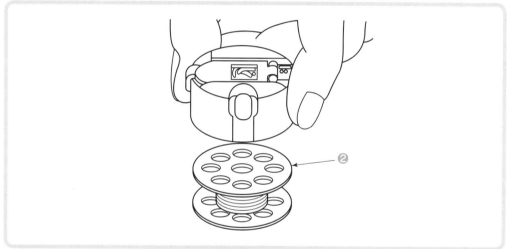

- 위의 바늘을 침판보다 완전히 위로 올린다.
- 보빈케이스의 손잡이(❶)를 뽑아 세우고 보빈이 케이스에 잘 장착되었는지 확인한다.(손잡이를 놓으면 보빈(❷)이 빠지게 된다.)
- 보빈케이스 손잡이를 잡고 그림과 같이 재봉기의 보빈케이스 봉에 끼워 넣는다.

8) 밑실 끌어 올리기

- 노루발을 들고 윗실을 잡은 상태에서 재봉기를 수동으로 돌리면서 밑실을 끌어 올린다.
- 올라온 밑실을 확인하고 윗실과 함께 노루발 밑의 뒤로 당겨놓는다.

9) 윗실과 밑실의 장력(조임)과 박음질 상태

윗실의 장력은 노루발을 내린 상태에서 ❷를 돌려 아래의 그림과 같이 조절한다.

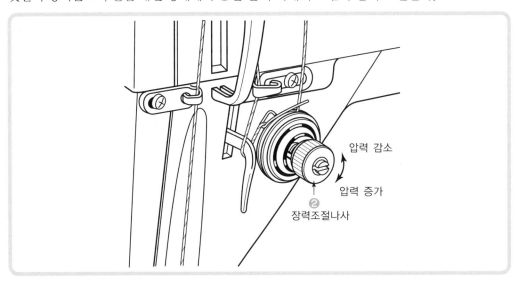

압력 감소

압력 증가

❷
장력조절나사

10) 밑실 장력 조절

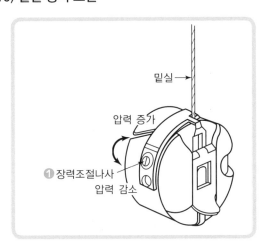

밑실

압력 증가

❶ 장력조절나사
압력 감소

밑실의 장력 조절은 실을 잡고 보빈케이스를 밑으로 떨어뜨려 잡았을 때 케이스 무게에 의해 천천히 떨어질 정도로 ❶을 돌려 조절한다.

11) 윗실과 밑실의 장력 조절 상태

윗실 조절상태가 약할 때는 박음질 상태가 ㉠과 같고, 윗실의 조절상태가 강할 때는 ㉡과 같으며, 윗실과 밑실이 적합한 조절상태가 되었을 때 ㉢과 같이 올바른 재봉상태가 된다.

㉠ ← 윗실
← 밑실

• × : 밑실의 장력이 강할 때

㉡

• × : 윗실의 장력이 강할 때

㉢

• ○ : 윗실과 밑실의 장력이 같을 때

바늘의 종류에는 용도에 따라 재봉틀바늘과 손바늘, 자수바늘, 특수바늘이 있으며, 번호에 따라 바늘의 굵기와 바늘구멍의 크기, 그리고 바늘의 길이도 각각 다르다. 따라서 바늘구멍의 크기와 굵기 그리고 길이에 따라 소재의 두께와 물성에 적합한 것으로 선택을 해야 한다.

(1) 재봉바늘

재봉바늘은 길이와 형태, 앞 끝부분은 직물의 재료와 조직과 봉사 그리고 재봉기에 따라 적합하게 선택하여 사용하며, 바늘 종류도 다양해 소재의 용도에 적합하도록 만들어져 있으며 크게 가정용과 공업용으로 나뉜다.

재봉바늘의 각 부분 명칭은 다음과 같다.

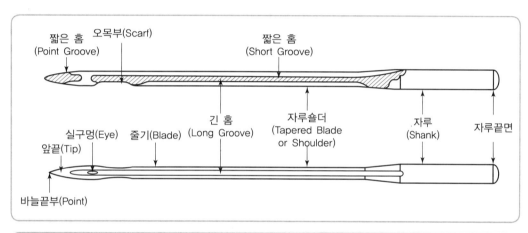

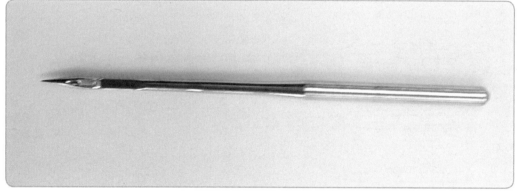

(2) 재봉바늘 끝부분(포인트)의 형태와 용도

포인트 형태	기호	포인트의 종류 및 특징	용도
	SYU		단추달이 끝맺음용
	SPI	**샤프 포인트(Sharp Point)** 바늘끝의 포인트가 뾰족하고 매끄러워 일반적인 직물에 가장 많이 사용되며, 직물의 올을 상하지 않게 하는 특징. 그러나 편성물은 봉비현상이 생겨 적합하지 않다.	모피, 장갑용
	–		일반 직물소재 본봉용
	Y		고무, 스판텍스 등 신축성이 높은 편성물
	B	**볼 포인트(Ball Point)** 봉제 시 올을 밀어내면서 바늘이 내려가므로 올이 상하지 않는다. 그러나 얇은 옷감의 경우는 바늘판 밑으로 끌어내려 상하게 하기 때문에 주의를 요한다.	일반편성물과 비교적 느슨한 편성물
	S		밀도가 높은 편성물
	Q		표면이 두껍고 거친 피혁, 마대 지문류 가죽 등 직물과 함께 봉제할 때 사용
	DI	**커팅 포인트(Cutting Point)** 바늘 끝이 칼끝과 같아서 봉제 시 소재를 절개하면서 바늘이 내려간다. 절개된 부분은 차이는 있으나 대부분 오므라들면서 찢어지는 것을 방지하므로 피혁과 플라스틱용으로 적합하다.	피혁 솔기정연 스티치 밀도가 높지 않음
	S		피혁 솔기정연 스티치 길이 긴 봉제 사용
	P		스티치 밀도와 강도가 강하게 요구되는 피혁, 후물용으로 사용

(3) 봉제바늘의 번호와 종류

공업용 재봉바늘은 KS B 7051의 규격에 따르면 6종류로, 바늘 줄기의 굵기에 따른 번호에 의해 구분한다. 재봉바늘 번수는 오목부가 끝나는 바로 윗부분 줄기의 굵기를 숫자로 나타내며 숫자가 클수록 바늘은 굵어진다.(포인트 형태의 기호는 업체마다 조금씩 다르게 표기하기도 한다.)

(4) 소재에 적합한 봉사와 바늘의 선택

의복을 제작할 때 바느질(박음질, 손바느질)이 외관이나 기능상에 미치는 영향은 매우 크다. 그러므로 섬유의 물성에 따라 적합한 바늘과 실을 선택하는 것은 매우 중요한 요소가 된다.

		옷감(Fabric)	재봉실	번수	재봉틀 바늘	손바느질 바늘
면·마	얇은	론(Lawn) 보일(Voile)	면사 폴리에스테르사	80 90	7, 9번	8, 9번
	중간 두께	피케(Pique) 브로드 클로스(Broad Cloth) 깅엄(Gingham) 면사틴(Cotton Stain) 샴브레이(Cham Bray)	면사 폴리에스테르사	60 60, 90	11번	8번
	두꺼운	면개버딘(Cotton Gabardine) 면벨벳(Cotton Velveteen) 데님(Denim)	폴리에스테르사 면사	60 50	11번 14번	6, 7, 8번
모	얇은	울 포플린(Wool Poplin) 트로피칼(Tropical) 모슬린(Muslim) 샬리(Challis), 포럴(Poral)	폴리에스테르사 실크사 폴리에스테르사	90 50 60	9, 11번	8번
	중간·두꺼운	플라노(Flano) 개버딘(Gabardine) 우스티드(Worsted) 조젯(Geogette) 트위드(Tweed) 헤링본(Ehring Bone) 못사(Mosser)	폴리에스테르사 폴리에스테르사 실크사	60 60 50	11번 14번	6, 7, 8번
실크·합성섬유	얇은	크레이프드신(Crepe De Chine) 새틴(Satin), 태피터(Taffeta) 조젯(Georgette) 오간디(Organdie)	실크사	100	7, 9번	9번
	두꺼운	크레이프드신(Crepe De Chine) 샹퉁(Shantung) 새틴(Satin)	실크사	50	9, 11번	8, 9번
니트	얇은	하프트리코트(Half Tricot) 양면(Smooth) 원형리브(Circular Rib)	니트전용사		7, 9, 11번	8, 9번
	두꺼운	밀라노 리브(Milano Rib) 더블자카드(Double Jacquard)	니트전용사		11번	8번

▲ 소재에 따른 바늘과 실의 관계

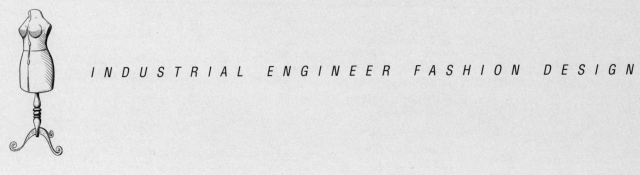

INDUSTRIAL ENGINEER FASHION DESIGN

FASHION
DESIGN

CHAPTER

03

섬유와 실
Fiber & Thread

03 CHAPTER

섬유와 실(Fiber & Thread)

섬유(Fiber) 현재 의복재료로 사용되는 섬유의 종류는 수십 종에 달한다. 이들 섬유는 천연섬유와 인조섬유로 분류되는데, 인조섬유는 계속되는 새로운 소재 개발로 그 종류가 매우 다양하다. 의류의 용도와 특성에 적합한 소재 선택을 위하여 인조섬유 또는 천연섬유를 각각 사용하거나 혼합하여 사용하므로 그 종류 또한 다양하며 각각의 특성을 혼합하여 단점을 보완하는 역할도 하고 있다. 직물이 가지고 있는 특성은 디자인이나 봉제의 가장 중요한 요소가 되며 직물을 구성하고 있는 섬유의 물성, 실의 굵기, 꼬임 직조와 가공방법, 촉감에 의한 느낌들이 직물의 특성을 결정짓게 된다.

의복소재에는 실로 만든 옷감, 섬유로 만든 옷감, 합성수지로 만든 옷감 등 적합한 디자인과 제작을 선택하기 위해서는 소재에 관한 많은 지식과 관리방법에 대한 테크닉이 필요하다.

SECTION 01 | 섬유의 구조와 성질(물리적 · 기계적)

(1) 섬유의 구조

섬유는 길고 가느다란 물질로서 그 구조가 작고 간단한 분자가 수백에서 수천 개로 결합되어 고분자를 이룬 중합체이다. 이때 간단한 분자로 이루어진 것을 단량체라고 한다.

(2) 섬유의 물리적 조건

천연섬유 중 셀룰로오스 섬유는 흰색 또는 크림색을 띠고 있으며 동물성 섬유는 흰색과 크림색 갈색 또는 갈색과 검은색의 색상을 보이고 있다. 그러나 인조섬유는 대부분 백색을 나타내며 최근에는 유전자 조작에 의해 갈색과 녹색 등 색조를 띤 섬유가 만들어지고 있다. 그러므로 섬유의 제직을 위해서는 섬유의 길이가 길고 가늘며 유연해서 제직이 가능해야 하고 강하고 적당한 탄성으로 안정된 고체여서 방적이 가능해야 한다. 또한 섬유는 비중이 가볍고 균제도가 높으며 적당한 습윤성과 보온성을 갖추어야 하며, 백색이고 광택이 있어 염색이 가능해야 한다. 가격은 저렴하여 생산성이 높고 구하기 쉬워 실용적이고 대중성이 있어야 한다.

(3) 섬유의 성질(물리적 · 기계적)

1) 굴곡강도와 마모강도(Flexion Strength and Wear Strength)

섬유는 의복의 착용 중에 구부러지거나 굴곡이 심해 외부 물체와의 마찰에 의해 마모가 일어나게 되므로 피복재료용으로는 이들을 견딜 수 있는 성질이 요구된다.

2) 강도와 신도(Tensile Strength and Elongation)

섬유의 강도는 인장에 견디는 능력과 항장력을 나타내는 것이며 항장력 인장강도라고도 한다.

섬유의 강도는 데니어 또는 텍스에 의한 신도는 절단하중으로 나타내며 절단될 때까지의 늘어난 길이를 섬유 본래 길이에 대한 백분율로 나타낸 것이다.

3) 리질리언스(Resilience)

섬유가 외부의 힘에 의해 신장, 굴곡, 압축 등의 변형이 되었다가 외부의 힘이 사라지면 원상의 섬유 형태로 돌아가는 능력을 말한다.

4) 탄성(Elasticity)

섬유가 외력에 의해 늘어났다가 외력이 사라졌을 때 본래의 길이로 돌아가려고 하는 성질을 탄성이라 한다.

5) 내열성

피복은 염색, 세탁, 다림질, 기타 외부로부터의 열작용을 받는 경우가 많아서 피복재료 섬유는 어느 정도 높은 온도에 견디어야 한다. 천연섬유는 대체로 열에 안전하고 다림질할 수 있으나, 인조섬유 중에는 열에 민감하여 다림질이 불가능한 것도 있다. 일반적으로 피복용은 100℃ 이상에서 장시간 보존하여도 변화가 없어야 하며 150℃의 열에 견디어야 안전하다. 따라서 내열성은 불꽃 속에서는 타지만 불꽃 밖에서는 연소를 계속하지 못하고 저절로 꺼지는 성질을 말하며 섬유제품은 신체의 안정성을 위해 잘 타지 않는 것이 좋다.

6) 내구성과 강인성

섬유의 강인성은 한 섬유를 절단하는 데 필요한 에너지로서 일반적으로 강도와 함께 신도가 큰 섬유가 강인성이 커서 내구성이 대체로 좋다.

7) 방적성(Cohesiveness, Spinning Quality)

대부분의 옷감은 실을 거쳐서 제조되고 있으므로 필라멘트사를 제외한 섬유는 유선 실을 만들 수 있는 특성을 가지고 있어야 하며, 이러한 실을 뽑을 수 있는 능력을 방적성 또는 가방성이라 한다.

8) 보온성(Thermal Retaining Property)

피복의 가장 큰 목적의 하나가 체온의 유지이므로 보온성은 피복성 섬유의 중요한 성질의 하나이다. 열의 전달은 전도, 복사, 대류의 세 가지 경로를 밟는다. 섬유의 보온성은 섬유 자체의 열전도율에 영향을 받게 되며, 열전도율이 큰 아마섬유가 시원하고 열전도율이 적은 양모가 가장 따뜻한 섬유이다.

9) 염색성(Dyeability)

피복재료로 쓰이는 섬유는 원색 또는 백색으로 사용되는 경우도 있지만 대부분은 염색하여 사용되므로 염색할 수 있다는 것이 피복재료 섬유의 필수조건이라 하겠다.

10) 내약품성(Agent Resistance)

피복재료는 정련, 표백, 염색, 가공 등 제조과정과 세탁, 드라이클리닝 등 여러 가지 약품과 접할 기회가 많아서 여러 가지 화학약품, 특히 산, 알칼리, 표백제, 유기용매 등에 대한 충분한 내성을 가져야 한다.

11) 내일광성

섬유는 자연환경에 장시간 노출되면 일광, 공기, 수분 등의 작용을 받아 점차 강도가 떨어진다. 이것을 섬유의 노화라고 한다. 섬유에 작용하는 일광은 주로 자외선 영역인데, 이 일광에 손상되지 않고 오래 견디는 성질을 말한다.

12) 내충성과 내균성

천연섬유, 양모나 셀룰로오스 섬유는 충해, 곰팡이와 세균이 기생하여 섬유가 변색되거나 분해되어 강도가 감소된다. 그러므로 첨가물 또는 오염물에 기인한 때를 보존에 앞서 세탁하여 완전히 건조하여 보관하는 것이 중요하다.

13) 열가소성

섬유가 어느 한계 이상으로 신장되면 외부의 힘이 제거된 후에도 본래의 길이로 회복되지 않고 영구적인 변형이 생기는 것을 가소성이라 한다. 어떤 제품을 높은 온도에서 변형하고 냉각하면 그 변형이 영구적이어서 상온에서는 본래의 모양으로 돌아가지 않는다. 이와 같이 열과 힘의 작용으로 영구적인 변형이 생기는 성질을 열가소성이라 한다.

14) 대전성(Electrification)

견, 모 등 천연섬유와 합성섬유가 마찰되었을 때 정전기가 발생한다. 그러나 천연섬유는 마찰에 의해 정전기가 발생하더라도 섬유의 표면에 축적되지 않기 때문에 문제가 되지 않으나 합성섬유는 대부분 대전성이 좋아서 발생된 전기가 섬유의 표면에 축적되어 있다.

 참·고

수분율이 적은 섬유　　세탁 후 건조가 빠르며 형태·안정성은 좋으나 흡습성과 투습성이 나빠서 위생상 좋지 못하다. 특히 여름용 재료로는 부적당하며 염색이 잘 되지 않고 표면에 정전기가 축적되는 단점이 있다.

15) 흡습성(Moisture Absorption)

섬유는 대기 중에서 수분을 흡수하는데 수분의 양은 섬유의 종류에 따라 차이가 있다. 이것은 섬유를 구성하는 화합물의 친수성 정도에 따라 차이가 있기 때문이며, 수분율은 같은 섬유라도 생산조건과 처리방법에 따라 차이가 있을 수 있다.

16) 흡수성(Water Absorption)

흡수성은 섬유가 물과 접하였을 때 물을 흡수하는 능력으로 섬유의 친수성 정도인 수분율에 따라 달라진다. 흡습성, 흡수성이 크면 위생적으로 바람직하나 형체안정성 및 내구성이 좋지 않다.

17) 스트레치성

몸을 편안하게 움직이고 운동의 효율을 높이기 위해 옷도 이에 알맞게 신축성을 갖는 것이 요구된다.

18) 필링성(Pilling Effect)

섬유나 실의 일부가 직물 또는 편성물에서 빠져나와 탈락되지 않고 표면에서 뭉쳐져 섬유의 작은 방울, 즉 필(Pill)이 생기는 경우를 말한다.

SECTION 02 | 섬유의 분류

섬유소나 단백질 등과 같은 천연고분자(Natural Polymer) 물질에서 얻는 것을 천연섬유(Natural Fiber)라 한다. 단백질을 주성분으로 하고 동물로부터 섬유를 얻는 동물성 섬유, 섬유소로 구성되어 있는 식물에서 얻는 섬유를 식물성 섬유, 천연광물에서 얻는 광물성 섬유를 합하여 천연섬유라 한다.

인공적으로 섬유의 상태로 만들어 낸 것을 인조섬유(Man-made Or Manufactured Fibers)라고 하며, 화학적인 방법으로 이루어진 섬유를 화학섬유(Chemical Fibers)라고 한다.

인조섬유는 천연에서 얻은 섬유소나 단백질을 화학적인 처리에 의해 섬유 상태로 만든 재생섬유(Regenerated Fibers)가 있고, 석유나 석탄과 같은 물질에서 얻은 물질을 화학적으로 합성하여 섬유 상태로 만든 합성섬유가 있다. 그리고 섬유상태가 아닌 무기물에서 얻은 인조 무기섬유가 있으며, 섬유는 대부분 어디에서 채취하는가에 따라 분류할 수 있다.

천연섬유	식물성 섬유 (셀룰로오스)	• 종자섬유 : 면, 케이폭, 기타 • 줄기섬유 : 아마, 저마, 대마, 황마, 케나프, 기타 • 잎섬유 : 사이잘마, 마닐라마, 아바카 • 과실섬유 : 야자섬유(Coir)
	동물성 섬유 (단백질)	• 모 섬유 : 양모 • 헤어 섬유 : 산 양모, 캐시미어, 낙타, 알파카, 토끼, 비큐나, 라마, 모헤어, 야크, 토끼, 염소 • 견 : 가잠견, 야잠견
	광물성 섬유	석면
인조섬유	천연고분자섬유 (재생섬유)	• 섬유소(셀룰로오스)계 : 비스코스레이온, 폴리노직 레이온 큐프라, 암모늄 레이온, 아세테이트, 트리아세테이트 • 단백질계 : 카제인섬유 • 고무계 : 고무섬유 • 알긴산계 : 알긴산섬유
	합성고분자섬유 (합성섬유)	• 폴리아미드계 : 나일론, 아라미드 • 폴리에스테르계 : 폴리에스테르 • 폴리우레탄계 : 스판덱스 • 폴리아크릴계 : 아크릴, 모드아크릴 • 폴리올레핀계 : 폴리에틸렌, 폴리프로필렌 • 플루오로계 : 플루오로 • 염소계 : 염화비닐, 폴리비닐리덴 • 비닐알코올계 : 폴리비닐알코올
	무기(질)섬유	금속섬유, 유리섬유, 탄소섬유, 암석섬유, 광재섬유

▲ 섬유의 분류

(1) 천연섬유(셀룰로오스, 단백질)

천연섬유는 자연에서 섬유상태 그대로 얻어지는 것이며, 천연의 독특한 성질과 형태를 가지고 있다. 성분에 따라 셀룰로오스 섬유와 단백질 섬유, 광물성 섬유로 구분한다.

1) 셀룰로오스(식물성) 섬유

면, 마(아마, 저마, 대마)는 식물체에서 얻을 수 있는 섬유로서 셀룰로오스라는 화합물질로 구성되어 있으므로 식물성 섬유를 셀룰로오스 섬유라고도 한다.

① 면

측면이 리본 모양이며, 단면은 강낭콩과 비슷하고 중앙에는 빈 공간인 중공이 있다. 또한 면은 내구성이 좋아 위생적일 뿐만 아니라 실용성이 높아 속옷 및 모든 용도로 널리 사용되고 있다. 면은 구김이 잘 가는 단점은 있으나 알칼리 세제에 강하여 세탁과 드라이클리닝 용매제에도 안정하다. 그러나 수지가공과 형광증백된 것은 염소계 표백제를 사용해서는 안 되며, 직사일광에 의해 황변한다.

② 마(아마, 저마, 대마)

- 아마 : 아마는 가장 오래된 섬유로서 아일랜드, 벨기에, 러시아 등에서 생산되며 가장 많이 사용되었다. 아마는 집합된 섬유 다발의 형태이며, 단면은 다각형, 중심은 작은 중공이 있다. 측면은 마디가 있으며, 끝이 뾰족하여 다른 인피섬유와 구별된다. 또한 강도는 매우 크며 습윤 시에는 더욱 증가한다. 탄성과 리질리언스가 나빠서 구김이 잘 가나 흡습성과 내열성이 섬유 중에 가장 좋다.
- 저마 : 우리나라에서는 모시라고 하며, 오래전부터 여름 한복감으로 사용되어 왔다. 주산지는 충남 한산지방으로 알려져 왔으며, 라미(Ramie)와 같은 섬유로 다루고 있다. 섬유의 길이가 길고 광택을 가진 고운 섬유로 섬유의 끝은 둥글며 단면은 타원형으로 큰 중공을 가지고 있다. 면과 아마와 같이 습윤되면 강도가 약간 증가하며 성질은 아마와 같다.
- 대마 : 우리나라에서는 삼베라 하고 세계 각지에서 재배되고 있으며 안동지방의 삼베가 유명하다. 단면은 다각형을 이루며, 측면은 많은 선이 보이고 군데군데 마디가 있다. 강도는 매우 크지만 거칠고 탄성과 리질리언스가 나빠서 구김이 잘생기고 표백에는 매우 약하다. 특히 대마는 강도와 내수성이 좋아 끈, 카펫의 기포, 구두나 가방의 재봉실 등으로 사용되고 있다.

2) 단백질 섬유

동물에서 얻는 섬유는 그 화학적 조성이 단백질로 되어 있으며, 견의 구성 단백질은 피브로인이고 양모의 구성단백질은 케라틴이다.

① 양모

면양의 털을 양모라 하며, 사육되는 지방의 기후와 영양상태에 따라 품질이 다르며 면양의 부위에 따라서도 품질이 다르다. 양모는 가격이 비싼 섬유이므로 폐모나 헌 모직물을 재사용하기도 한다. 단면은 원형에 가깝고, 겉면은 스케일이라는 표피층이 있으며, 측면은 막대 모양으로 권축이 발달되어 있어 곱슬곱슬한 모양을 나타내고 있다. 강도는 약한 편이고 신도는 큰 편이며 초기탄성률이 작아 유연한 섬유에 속한다. 천연섬유 중에서 탄성과 리질리언스가 좋아 구김이 잘 생기지 않으며, 흡습성이 가장 좋으나 섬유 표면은 물을 튀기는 성질을 가지고 있다. 산에는 안정하나 강한 무기산에서는 분해된다. 양모는 완전히 건조하면 촉감이 거칠어지고 일광에 약하며 특히 충해에 매우 약하다. 섬유표면에는 스케일 층이 있어 마찰하면 엉키어 풀리지 않고, 문지르면 섬유가 엉켜 두꺼워지는데, 이를 축융성(Felting)이라 한다. 양모는 아주 부드러운 섬유이며, 보온성이 좋고 위생적이므로 이상적인 의복재료이다. 세탁은 드라이클리닝이 안전하며 직사일광을 피해야 한다. 염소계 표백제에 의해 누렇게 변하면서 섬유가 크게 상하다가 용해되며, 건조한 곳에 방충제와 함께 밀폐된 용기에 넣어 두는 것이 좋다.

② 헤어 섬유(모헤어, 캐시미어, 낙타모, 앙고라토끼털, 라마류)

양모 외에 동물의 털에서 얻는 섬유를 말하며, 스케일과 권축이 양모와 같지 않아 양모와 구별되며 대체로 굵고 억세다.

- 모헤어 : 앙고라염소에서 얻을 수 있는 털이며, 스케일과 권축이 거의 없어 곧고 매끄러우며 광택이 좋다. 리질리언스와 깔깔한 촉감이 좋다.
- 캐시미어 : 섬유가 매우 부드럽고 우아한 광택을 지니고 있으므로 고급 복지로 사용된다.
- 낙타모 : 헤어섬유 중 스케일과 권축이 가장 발달되어 있으며 가볍고 보온성과 방수성이 좋아 동복지로 애용된다. 섬유의 특성상 자연색 또는 짙은 색으로 염색하여 사용한다.
- 앙고라토끼털 : 가볍고 부드러우며 매끄러워서 스웨터, 장갑 등에 많이 사용되고 있으나 권축과 스케일이 발달되어 있지 않으므로 방적이 어렵고 다른 섬유와 혼합하여 사용한다.
- 라마류 : 매우 좋은 헤어섬유지만 생산량이 적고 가장 부드러운 섬유로 알려져 있으며 매끄럽고 광택이 좋으나 강도가 약하여 의류소재로서의 중요성은 적다.

③ 견

누에고치로부터 얻은 섬유로서 고치로부터 얻은 섬유를 생사라 하며 세리신이라는 단백질에 싸여 있다. 약알칼리 용액과 가열하면 세리신은 용해되고 부드럽고 우아한 광택을 가진 피브로인만 남는다. 이 과정을 정련이라 하며 이 견사를 숙사라 한다. 생사의 단면은 삼각형을 나타내며, 두 개의 피브로인 필라멘트가 세리신으로 감싸져 있다. 강도와 탄성이 좋고 산에는 강하며 알칼리에는 약하다. 내일광에는 섬유 중 가장 약하고 미생물과 해충에는 안전하다. 견은 우아한 광택을 지녔으며 촉감 드레이프성이 좋다. 그러나 값이 비싸고 내구성이 좋지 않아 관리가 어려우므로 견 섬유는 드라이클리닝이 안전하다.

3) 광물성 섬유

천연광물에서 얻을 수 있는 섬유

(2) 인조섬유(재생섬유, 합성섬유)

최초의 인조섬유는 1880년대 프랑스 샤르도네 백작에 의해 레이온이 발명되었다.

1) 인조섬유의 제조

인조섬유는 원료를 가열하거나 화학약품에 녹여 방사원액을 만들어 가늘고 긴 필라멘트사로 재생시켜 만든 것이다. 인조섬유는 용도와 필요에 따라서 섬유의 굵기나 단면의 모양을 다양하게 만들고 몇 개의 필라멘트사를 합친 것을 필라멘트 토우(Filament Tow)라고 하며 적당한 길이로 끊어서 스테이플 섬유로 만든다. 방사방법에는 용융 방사법, 습식 방사법, 건식 방사법이 있다.

① **용융 방사법** : 가열하여 녹인 방사액을 찬 공기 속에 방사하여 섬유를 만드는 방법

② **건식 방사법** : 휘발성 유기용매에 용해한 방사액을 더운 공기 속에 방사하고 유기용매를 증발시켜 섬유를 만드는 방법

③ **습식 방사법** : 물이나 약품에 녹인 방사액을 물 또는 수용액에 방사하여 원액을 응고시켜 섬유를 만드는 방법

④ **기타 방사법** : 전기 방사법, 건습식 방사법, 에멀션 방사법

2) 재생섬유(레이온, 비스코스 레이온, 아세테이트)

섬유의 길이가 너무 짧아서 직접 실로 사용 불가한 섬유를 원료로 만든 섬유를 의미한다.

① **레이온(Rayon)** : 목재펄프나 면 린터를 원료로 제조된 섬유

② **비스코스 레이온(Viscose Rayon)**

목재 펄프를 수산화나트륨과 이황화탄소로 처리하여 끈끈한 용액을 만들어 습식 방사법에 의해 재생한 것이며 단면은 심한 주름, 측면은 주름에 의한 선을 볼 수 있다. 탄성이 좋지 않아 구김이 생기며 흡습성이 매우 좋다. 또한 레이온은 산성과 알칼리, 일광에 약하며 습도와 온도가 높으면 곰팡이에 약하다. 표면이 매끄럽고 광택이 좋으며 정전기가 적어 옷의 안감과 커튼 레이스 등에 많이 사용된다.

③ **아세테이트(Acetate)**

셀룰로오스 섬유를 무수아세트산과 아세트산의 혼합액에 용해하여 만든 셀룰로오스를 아세톤에 용해시켜 건식 방사법으로 만든 섬유이다. 단면은 클로버 잎과 같고 측면은 줄이 보인다. 습윤 시에는 강도가 약하고 산과 알칼리에 약하며 아세톤, 클로로포름에 용해된다. 충해나 곰팡이에는 강하고 흡습성이 적고 내열성이 좋다. 아세테이트는 광택과 드레이프성이 좋고 표면이 매끄럽다. 세탁은 중성세제와 드라이클리닝이 안전하며 열에는 약하다.

3) 합성섬유

인조섬유 중에서 고분자 합성을 통해 만든 섬유를 합성섬유라 한다. 그리고 종래의 합성섬유 중합체에 고수축성과 미세무기물을 혼합하여 극세사 또는 다른 형태의 섬유로 방사하고 특수가공을 하여 고기능의 효과를 가진 섬유를 신합성섬유라고 한다.

① **폴리에스터(Polyester)**

영국에서 테릴렌(Terylene)이라는 이름으로 개발되었으나 오늘날에는 폴리에스터라는 명으로 널리 사용되고 있다. 단면은 거의 완전한 원형이며 강도는 강하여 습윤 시에도 변하지 않는다. 탄성이 매우 우수하여 구김이 거의 생기지 않으나 흡습성이 매우 낮다. 또한 내약품성이 우수하여, 산이나 알칼리에 손상이 없고 내일광성도 좋다. 해충과 곰팡이의 침식을 전혀 받지 않으며, 열고정이 우수하여 세탁 후에도 다리지 않고 착용 가능하여 겉옷감과 편성물로도 많이 사용된다. 폴리에스터는 혼방으로 많이 사용되어 옷감의 강도와 내추성을 크게 향상시키며, 알칼리 감량 가공으로 소재 개발을 향상하고 있다.

② **나일론(Nylon)**

폴리아미드계의 합성섬유이며, 널리 사용되는 것은 6과 66의 두 가지가 있다. 이 두 나일론의 성질은 내열성 외에 차이가 없으므로 구별하지 않고 나일론으로 통용된다. 단면은 원형

으로, 측면은 유리막대기처럼 보이나 섬유 중에는 이형단면 또는 삼각단면의 나일론도 있다. 강도는 강하며 습윤 시에는 약간 감소한다. 산에 약하고 알칼리에는 황변현상이 있으며 내열성도 나쁘다. 나일론은 내일광성이 아주 나빠서 직사일광에는 강도가 급속도로 감소하지만 해충과 곰팡이의 침해를 받지 않는다. 나일론은 강도와 신도가 크나 초기탄성률이 너무 작아 일반 의류용으로는 적합지 못하다. 또한 흡습성이 적어 정전기가 생기고 필링이 생기는 단점이 있으나 열가소성이 좋아 열고정이 가능하다. 백색 나일론은 사용 중에 황변하므로 중성세제를 사용하고 그늘에서 건조시키는 것이 좋다.

③ 스판덱스(Spandex)

스판덱스(Spandex)는 화학적 조성이 폴리우레탄으로 되어 있으며, 신축성이 좋아 널리 이용되고 있다. 스판덱스는 염색이 잘되고 신도가 큰 것이 가장 큰 특징이며 피복사의 형태로 신축성을 증가시키는 데 사용된다. 산에는 안전하나 뜨거운 알칼리용액에는 쉽게 손상된다.

④ 아크릴(Acrylic)

아크릴섬유는 아크릴로니트릴과 합성한 섬유이다. 아크릴은 모두 원형 단면이며 강도는 보통이지만 습윤하면 감소한다. 탄성회복률이 우수하고 내약품성도 매우 좋아 강한 산이나 알칼리가 아니면 손상되지 않으며 내일광성이 가장 우수한 섬유이다. 또한 아크릴섬유는 가볍고 촉감이 부드러우며 보온성과 탄성이 좋아 양모 대용으로 널리 사용되고 있다. 내일광성이 좋고 약품에도 강하여 세제와 표백에도 안전하지만 대부분의 아크릴섬유는 열에 약하다.

⑤ 폴리프로필렌(Polypropylene)

내열성이 좋아 섬유 사용도가 높으며 단면이 원형을 이룬다. 강도는 큰 편이고 신도와 탄성이 우수하며 가벼운 섬유로서 겉모양과 촉감이 매끄러운 느낌이나 내약품성이 우수하여 산과 알칼리에도 안전하다. 내일광성은 약하지만 해충과 곰팡이에는 강하고 구김은 없으나 흡습성과 내열성이 나쁘다. 수분을 거의 흡수하지 않아 촉촉한 느낌이 없다. 강도가 크고 가벼우며 내약품성이 좋아 거의 산업용 섬유로 사용된다.

⑥ 폴리비닐알코올(Polyvinyl alcohol)

비닐론으로 알려진 섬유이며 일본에서 개발하여 일본을 비롯한 아시아지역에서 많이 이용되고 있다. 강도는 보통이나 습윤시 30% 감소하며 내알칼리성이 우수하다. 진한 산에는 용해되며 내일광성이 좋아 모든 표백제에 안전할 뿐만 아니라 해충 곰팡이에도 강하다. 강도가 크고 마찰강도가 좋아서 실용적인 섬유이지만 탄성과 리질리언스가 좋지 않으며 선명한 색상을 얻기가 어렵다.

⑦ 폴리염화비닐리덴(Polyvinylidene)

사란(Saran)이라는 섬유이며 너무 무겁고 열에 약하다. 내일광에 강해 실내장식이나 옥외용 섬유로 적합하다.

4) 무기섬유(금속, 탄소, 세라믹섬유)

유리섬유는 인장강도가 매우 높고 화학적인 내구성과 열적 안정성이 우수한 장점이 있으면서 가격이 비교적 안정적이다. 유리섬유는 의류 외에 토목 관련 제품, 우주항공, 스포츠 관련 도구 등에 산업용으로 이용되고 있으며 의류용에는 순도가 높고 매우 가늘게 뽑은 베타-섬유가 있다.

의복을 구성하고 있는 섬유의 특성과 종류를 알면 용도에 적합한 의복재료의 선택과 관리에 도움이 된다. 섬유의 종류나 혼용률은 상품에 붙어 있는 라벨에서 파악할 수 있으나 몇 가지 섬유감별 방법을 익힘으로써 섬유를 정확하게 파악할 수 있다.

(1) 외관검사(Visual Inspection)

섬유를 접하였을 때 가장 먼저 파악할 수 있는 방법은 시각적으로 외관을 관찰하고 만져보면서 촉감으로 감지하는 방법이다. 인조섬유는 천연섬유와 매우 흡사하여 정확하게 파악하는 것은 어렵지만 형태적인 특성으로 대략적인 것을 감지할 수 있다.

① 섬유의 표면이 부드럽고 매끈한가?
② 섬유의 표면촉감이 뻣뻣하고 냉감을 주는가, 유연하며 온감을 주는가?
③ 섬유 표면에는 광택이 있는가, 광택이 없는가?
④ 섬유상태의 길이는 짧은가, 긴가?

풀어서 살펴봄으로써 섬유의 특성을 파악할 수 있다.

(2) 현미경에 의한 시험(Microscope Test)

현미경으로 섬유 표면을 감별함으로써 얻는 기본적인 지식이다. 이는 현미경을 이용한 측면의 관찰로 쉽게 감별되나, 인조섬유의 경우에는 측면이 거의 유사하여 단면의 관찰을 병행해야 하는 경우가 많다.

(3) 연소시험(Burning Test)

섬유를 불에 태워봄으로써 감별하는 방법이다. 이 시험법으로 섬유가 섬유소인지, 단백질섬유인지, 또는 광물질 혹은 화학섬유인지를 구별할 수가 있다. 그러나 혼방섬유나 염색 가공섬유는 연소시험방법이 어려울 때가 있다. 이러한 경우에는 알코올램프 또는 핀셋을 사용하여 안전하게 시험하여야 한다.

섬유	불꽃 가까이 가져갈 때	불꽃 속에 넣었을 때	불꽃 속에서 꺼냈을 때	모두 연소되었을 때
면	녹지 않고 오그라들지도 않음	잘 탄다. 녹지 않으며 종이 타는 냄새	계속 잘 탄다.	소량의 부드러운 재
마	녹지 않고 오그라들지도 않음	잘 탄다. 녹지 않으며 면보다 느리다. 종이 타는 냄새	계속 잘 탄다.	소량의 부드러운 재
양모	녹는 듯이 오그라듦	지글지글 녹으면서 서서히 탄다. 머리카락 타는 냄새	천천히 타며 저절로 꺼지는 경우가 많다.	부풀은 부드러운 검은 재
견	녹는 듯이 오그라듦	지글지글 녹으면서 서서히 탄다. 머리카락 타는 냄새	천천히 타며 저절로 꺼지는 경우가 많다.	부풀은 부드러운 검은 재
레이온	녹지 않고 오그라들지도 않음	잘 탄다. 종이 타는 냄새	계속 잘 탄다.	소량의 부드러운 재

아세테이트	녹으면서 오그라듦	녹으면서 탄다. 약한 식초냄새	계속 녹으면서 탄다.	흑색의 불규칙한 덩어리, 쉽게 부서짐
나일론	녹으면서 오그라듦	녹으면서 서서히 탄다.	불꽃이 없어지며 저절로 꺼지는 경우가 많다.	회색의 굳은 덩어리
폴리에스테르	녹으면서 오그라듦	녹으면서 서서히 탄다. 약간 달콤한 냄새	힘들게 타며 저절로 꺼지는 경우가 많다.	흑색 굳은 덩어리
아크릴	녹으면서 오그라듦	녹으면서 잘 탄다.	녹으면서 계속 탄다.	검은 불규칙한 덩어리, 쉽게 부서짐
모드아크릴	녹으면서 오그라듦	녹으면서 아주 힘들게 탄다.	저절로 꺼짐	검은 불규칙한 덩어리, 쉽게 부서짐
올레핀	녹으면서 오그라듦	녹으면서 탄다.	녹으면서 계속 탄다.	굳은 황색 덩어리
비닐론	녹으면서 오그라듦	검은 연기를 내면서 탄다.	천천히 계속 탄다.	담황색 부드러운 재
스판덱스	녹으나 오그라들지는 않음	녹으면서 탄다.	녹으면서 계속 탄다.	검은 부드러운 재

▲ 연소시험도표

(4) 용해시험(Solubility)

섬유의 화학약품에 의한 용해성에 따라 감별하는 방법으로, 이 방법은 섬유의 혼용률이나 감별, 얼룩빼기나 표백, 세탁 등 섬유의 관리, 정리에도 유효한 방법으로 쓰이고 있다.

약품	온도(℃)	아세테이트 2초산	아세테이트 3초산	나일론	(다이넬)모드아크릴	바닐론	견	모	(캐시밀론)아크릴	스판덱스	레이온	면·마	폴리에스테르	올레핀
80% 아세톤	25	○	×	×	×	×	×	×	×	×	×	×	×	×
빙초산	50	○	○	×	×	×	×	×	×	×	×	×	×	×
빙초산	100	○	○	○	×	×	×	×	×	×	×	×	×	×
100% 아세톤	50	○	·	×	○	×	×	×	×	×	×	×	×	×
포름산	25	○	○	×	○	○	×	×	×	×	×	×	×	×
50% 가성소다	100	×	×	×	×	×	○	○	×	×	×	×	×	×
70% 티오시안화암모늄	130	×	×	×	×	×	×	×	○	×	×	×	×	×
디메틸포름아미드	100	○	○	×	○	×	×	×	○	○	×	×	×	×
35% 염산	25	○	○	○	×	○	○	×	×	×	○	×	×	×
70% 황산	25	○	○	○	×	○	○	○	×	×	○	○	×	×
m-크레졸	100	○	○	○	×	×	×	×	×	×	×	×	○	×
m-크실렌	138	×	×	×	×	×	×	×	×	×	×	×	×	○

▲ 용해시험 도표

(5) 비중에 의한 시험(Density Test)

이상의 여러 가지 섬유감별시험이 어려울 때에는 섬유의 비중을 측정함으로써 감별할 수 있다. 섬유의 비중에 의한 감별법이란 부유법에 의한 감별방법이며, 이것은 각기 다른 비중을 갖는 액체를 시험관에 넣고 섬유가 뜨지도 가라앉지도 않는 중간 부유일 때 그 액체의 비중을 측정하여 섬유의 비중으로 한다. 이때 사용하는 액체가 섬유를 팽윤시키지 않아야 하며, 기포가 생기지 않도록 주의해야 한다.

SECTION 05 | 섬유의 염색(Dyeing)

제직 또는 편성이 끝난 피륙을 생지(生地)라고 하는데, 이 생지가 그대로 피복제조에 사용되기도 하지만 대부분의 경우에는 상품으로서의 가치가 적어서 여러 가지 후처리를 하여 사용가치를 향상시키게 된다.

① **정련** : 불순물을 제거하는 작업
② **발호** : 제직 시 첨가된 풀을 제직이 끝난 후 염색가공에 앞서 제거하는 작업
③ **염색** : 피복 재료를 착색하는 방법
④ **염료** : 물 또는 약품에 용해, 섬유에 염착되는 것
⑤ **안료** : 수용성의 색소

(1) 염료의 분류

천연염료는 색상의 범위가 좁고 염색방법이 복잡한 공예염색 등 특수한 분야에서 사용되고 있다. 합성염료는 종류가 많고, 염색방법이 간단하며, 재현성이 좋아 현재에는 합성염료가 많이 사용되고 있다.
합성염료는 염료의 염색성, 염색법, 화학적 구조에 의해서 분류할 수 있으며, 염료의 염색성은 아래와 같이 분류한다.

1) 직접염료

셀룰로오스 섬유를 직접 염색하는 음이온성 염료이다.

2) 산성염료

염료분자 중에 설포기(SO_3H)나 카르복실기($COOH$) 등의 산성기를 갖고, 물에 용해하여 음이온이 된다. 양모 등을 염색하지만 셀룰로오스 섬유에는 거의 염착성이 없다.

3) 염기성 염료

양모, 견 또는 탄닌 매염한 목면섬유에 염색하고, 음이온성 아크릴 섬유에도 사용된다.

4) 매염염료

화학구조로는 크롬, 구리 등과 착염을 형성하는 염료이다. 산성 염료와 같은 설포기와 카르복실기, 그리고 아미노기 등을 갖는 염료이다. 산성 매염염료는 염색견뢰도가 높으며, 어두운 남

색, 검은색이 많다. 염색 후 남은 액은 금속을 함유하므로 이를 제거해주어야 하는 번거로움이 있다.

5) 불용성 아조염료

섬유상에서 물에 불용성인 아조(Azo) 색소를 만드는 염료이다.

6) 황화염료

셀룰로오스 섬유 등을 염색하는 황을 함유한 염료이다. 방향족 화합물과 다황화나트륨을 가열 용해하여 얻은 염료로, 분자 내 $-S-S$의 연쇄(連鎖)를 갖고 있다.

7) 환원염료

알칼리성 하이드로설파이드 환원욕으로 셀룰로오스 섬유 등을 염색하는 염료이다.

8) 분산염료

불용성·난용성의 염료로서 수중에 분산하여 아세테이트, 폴리에스테르 등의 소수성 섬유를 염색하는 염료이다.

9) 반응성 염료

반응성 염료는 섬유가 화학적으로 반응하여 섬유상에서 고착하는 염료, 합성수지 등에 의하여 안료를 섬유상에 정착해서 염색한다.

SECTION 06 | 섬유의 가공

후가공은 심미적·기능성 향상을 목적으로 한다. 심미적으로는 옷감의 촉감이나 외관, 색상 등을 변형시키는 것이고 기능적으로는 쾌적성이나 안전성 등을 향상시키기 위한 것이다. 대체로 최종단계에서 이루어지는 공정이며, 가공방법으로 기계적 방법과 화학적인 방법을 병행하고 있다.

(1) 일반 가공

1) 털 태우기 가공

실이나 직물·편물의 표면에 많은 잔털이 나 있는 경우 가스 불꽃 또는 뜨거운 열판 위를 빠른 속도로 통과시켜 표면의 잔털을 제거하는 가공이다. 이는 털 태우기 또는 신징(Singeing)이라 하는 이 가공은 직물의 조직과 염색이나 무늬를 선명하게 보이도록 하기 위해서는 필수적인 가공이다.

2) 기모가공

직물의 부드럽고 따뜻한 촉감을 위해 표면을 긁어 털을 일으키는 가공방법으로 모직물과 면직물에 많이 쓰이며 피치스킨가공이라고도 한다.

3) 열고정가공

열가소성 섬유의 세탁이나 열처리에 의한 수축을 방지하고 형태의 안정과 평활한 표면을 유지하기 위해 열고정가공을 한다. 열고정가공에서 온도는 용융온도와 섬유의 전이온도에서 섬유의 형태나 처리할 양 그리고 섬유의 조건에 따라 적절하게 한다.

4) 캘린더 가공

직물의 마무리과정으로 다림질하듯 뜨거운 롤러를 사용하여 매끄럽고 윤이 나게 만들어주는 가공방법이다.

5) 엠보스캘린더 가공

요철을 가진 엠보싱 캘린더로 직물을 다리면 표면에 요철 무늬가 형성된다. 이것을 엠보스 가공이라 한다. 열가소성 섬유의 엠보스 가공에 의한 엠보스는 영구적이지만, 셀룰로오스 섬유는 세탁 후에는 엠보스가 사라지므로 수지가공을 곁들여 처리하여 영구적인 엠보스를 만든다.

6) 듀어러블 프레스 가공

형체 고정을 위한 일종의 수지가공법. 최후의 열처리로 옷이 형성된 후에 행하여 옷 전체의 형체가 완전히 고정되고 방추성도 증가되는 가공으로 퍼머넌트 프레스 가공이라고도 한다.

7) 방수가공

얇은 직포의 표면을 고무 또는 합성수지 필름으로 피막을 입혀 누수되지 않고 통기성도 없게 만드는 가공을 말한다.

8) 발수가공

직포를 이루고 있는 각 섬유의 표면을 소수성 수지로 피복한 것으로 직물의 가공을 그대로 유지하고 있어 통기성은 있지만, 직물의 표면장력이 작아져 물이 직물 내부로 침투하지 못하게 되는 가공이다. 그러나 장시간 물에 적시거나 큰 수압을 받으면 누수가 불가피하다.

9) 방염가공

봉산염, 인산염, 암모늄염과 같은 용융성 염 처리를 하는 것으로, 가열되었을 때 산소 공급을 차단하고 불꽃 발생을 방지하나 이들 염이 수용성이기 때문에 세탁에 대한 내구성은 좋지 않다.

10) 위생가공

퍼마켐(Permachem) 가공은 위생가공의 대표적인 가공법으로 섬유의 곰팡이 및 땀, 기타 분비물을 분해하는 균의 발생을 억제하고 아울러 살균작용도 있어 악취의 발생을 방지한다.

① 논스탁 : 위생가공 시 논스탁인 항균제를 수지와 함께 섬유에 고착시킨다.
② 바이오실 : 위생가공 시 살균효과를 가진 바이오실을 섬유와 화학결합함으로써 항구적인 살균효과를 가진다.

(2) 면직물의 가공

1) 머서화 가공

면직물의 수축을 방지하면서 짙은 수산화나트륨 용액으로 처리한 후 중화하고 충분히 씻으면 광택과 더불어 강도, 습윤성, 염색성이 증가된다. 이를 머서화 가공 또는 실켓 가공이라 한다.

2) 방추가공

셀룰로오스 섬유(면, 마, 레이온) 제품이 수지가공에 의해 섬유 내 비결정부분에 열고정 중합체가 형성되는 동시에 셀룰로오스 분자 간에 가교가 형성되어 방추성과 함께 방축효과도 있다(구김 방지).

3) 플리세(Plisse) 가공

진한 수산화나트륨 용액을 이용하면 면섬유의 수축되는 성질을 이용할 수 있는데, 수산화나트륨에 풀을 첨가하여 점이나 문양을 날인하면 수산화나트륨이 날인된 직물의 표면이 파상을 이루어 오톨도톨한 무늬가 형성된다. 이와 같은 가공방법을 플리세 또는 리플(Ripple) 가공이라 한다.

4) 샌퍼라이즈(Sanforizing) 가공

셀룰로오스 섬유제품의 면, 마, 레이온 등은 제조과정에서 받은 장력에 의해 늘어났던 것이 사용 중에 점차로 줄어들게 된다. 이를 방지하기 위해 수분과 열과 압력을 가해 인위적으로 수축시켜 더 이상 수축이 일어나지 않도록 가공하는 방법이다.

5) 가먼트 워싱 가공

의복이 완성된 후에 세척이나 표백제를 사용하여 색이 바랜 듯한 느낌을 주는 가공방법이다. 표백제를 사용하는 블리치워싱가공, 부석을 넣고 세탁하므로 인위적인 마모를 일으키는 스톤워싱, 분해효소를 사용하는 효소스톤워싱, 건조 상태에서 부석과 산화제를 첨가하여 탈색과 동시에 허름한 이미지를 창출하는 애시드(Acid) 워싱, 모래를 이용하는 샌드블라스트워싱 등이 있다.

(3) 모직물(Wool)의 가공

1) 축융방지가공(방축가공)

모직물 제품은 스케일로 인하여 사용 중 축융에 의해 수축되는데, 이 축융을 방지하기 위해 염소 처리를 하여 스케일 일부를 용해시키는 것을 '염소화(Chlorination)'라 한다. 또한 양모의 스케일을 수지로 덮어씌워 수축을 방지하기도 하는데, 양모의 축융 방지의 향상을 위해 이 두 가지 방법을 병행하기도 한다.

2) 런던 슈렁크(London Shrunk) 가공

모직물의 제조과정에서 받은 신장을 이완, 수축, 안정화시켜 사용 중 수축을 방지하는 가공법으로 오랜 역사를 가진 모직물의 방축가공법이다.

3) 데카타이징 가공

압력과 고온의 스팀을 이용하여 직물이 영구적으로 평평하고 매끈하도록 가공하는 방법으로 이 가공과정에서 광택이 향상된다.

4) 주름고정가공

시스틴 결합을 이용하여 양모 섬유의 형체를 영구적으로 고정하는 방법이다. 바지나 치마의 주름, 기타 형체를 잡아 준 후에 증기나 산화제를 사용하여 시스틴 결합을 재생하면 항구적인 형체가 된다. 옷의 주름이나 형태를 영구적으로 고정하기 위해 모직물을 약제로 처리하는 이 가공하는 방법은 시로셋(Si-Ro-Set) 가공으로 널리 알려져 있다.

5) 스펀지(Sponging) 가공

물리적 · 역학적 성질을 이용하여 양모직물의 형태 안정성을 부여하고 의복제작과정에서 나타나지 않는 문제점(Seam Pucker 등)이 완성 후에 나타나는 것을 방지하며 봉제성을 높이고 직물의 물성이 작업조건에 적합하도록 수행하는 공정이다. 스팀으로 열처리하는 것과 에어로 처리하는 것 등 경우에 따라서 다양하게 처리하고 있다.

6) 방충가공

해충으로부터 의복을 보호하기 위해 적용하는 가공법이다. 방충가공은 오일란, 미틴 등의 가공제로 모 제품을 처리하는데, 이들 모두 염소를 함유한 화합물로 분자 내에 설포기를 가지고 있어 산성 염료가 양모에 염착되는 것과 같은 가공방법으로 양모에 흡착된다. 섬유에 대해 0.5% 정도 첨가되면 거의 영구적인 방충성을 갖게 된다.

7) 전모가공

직물의 표면에 기모나 축융공정과정에서 발생된 잔털이나 파일(Pile)을 고르게 깎고 다듬는 가공방법으로, 직물의 표면이 정돈되어 조직과 무늬가 선명해지므로 완성도를 높여준다.

(4) 합성직물의 가공

1) 소광가공

직물의 광택을 저하시키기 위해 소광제를 사용하거나 알칼리수지에 침지시키는 가공이다.

2) 알칼리 감량 가공

폴리에스테르 직물을 따뜻한 수산화나트륨 용액으로 처리하면 폴리에스테르가 가수분해되어 중량이 감소되고 섬유가 늘어지며 표면이 거칠어져 천연직물에 가까운 특성을 지니게 된다. 이 가공을 거치면 직물의 유연성, 드레이프성, 촉감 등이 향상되고 염색성도 좋아져 색의 심도가 커진다.

3) 대전방지가공

직물을 계면활성제로 처리하면 양이온의 계면활성제는 음이온성 섬유와 잘 결합되어 섬유의 표면을 평활하게 하여 정전기 발생을 억제하고 계면활성제의 이온성이 섬유표면의 전기 전도를 높여 대전을 방지한다.

① 경사 : 옷감(천)의 길이방향으로 길게 평행으로 배열(식서)
② 위사 : 경사의 한 올 또는 몇 올마다 아래위로 교차시키는 것(푸서)
③ 권축 : 섬유의 길이방향으로 파상되어 굴곡되어 있는 상태를 말하며 섬유가 권축을 가지고 있으면 방직성, 리질리언스, 내마찰성 등이 향상되고 옷감을 만들었을 때 함기량이 많아 보온성, 통기성, 투습성 그리고 촉감이 좋아진다.
④ 부직포 : 부직포는 짜여지지 않은(Non-woven) 옷감이라는 의미이며 실을 거치지 않고 섬유에서 직접 만든 옷감을 뜻한다.
⑤ 부직포와 펠트 : 옷감은 섬유에서 실을 만들고 실을 교차시켜 만든 직물 또는 실을 고리로 연결하여 만든 편성물이다. 그런데 양모섬유는 스케일이 있어 열과 압력, 수분에 의해 서로 얽히고 결합하기 때문에 섬유에서 바로 옷감을 얻을 수 있다. 이것이 펠트이다. 부직포와 펠트는 둘 다 섬유에서 바로 만든 옷감으로 펠트는 양모의 축융성을 이용했고 부직포는 축융성이 없는 섬유를 이용하여 합성수지 접착제로 접착시키거나 열에 의해 녹여 붙여 만든다.

SECTION 07 | 실(Yarn, Thread)

의복을 제작할 때 봉사의 선택이 의복 전체에 미치는 영향이 매우 크다. 그러므로 소재의 종류와 특성에 따라 봉사의 선택이 이루어져야 하며, 균일한 굵기와 강도의 적합한 봉사 선택은 외관을 아름답게 할 뿐만 아니라 착용과 세탁에도 변형이 없는 형태를 유지하도록 해준다. 또한 적합한 봉사 선택은 의복을 제작할 때 봉제성을 높여 능률적일 뿐만 아니라 착용 시에도 영향을 미치게 되므로 매우 중요하다.

(1) 실(Yarn)의 구조

실은 꼬임에 따라 강도와 형태가 달라지며, 꼬임의 방향과 횟수는 실의 특성을 결정한다.
필라멘트사는 꼬임이 없는 무연사와 꼬임이 있는 유연사로 되어 있으나 방적을 위해서는 인위적인 꼬임을 만들어야 한다. 꼬임이 없이는 실의 강도나 방적을 할 수 없으며 실의 꼬임 방향이나 정도가 그 실의 성질을 나타내게 된다.

1) 실 꼬임의 방향

실의 꼬임 방향은 우연사(Right-Handed Twist, 오른쪽 꼬임)와 좌연사(Left-Handed Twist, 왼쪽 꼬임)로 나뉜다. 오른쪽 꼬임은 방향이 S꼬임이고 왼쪽 꼬임은 Z꼬임으로 우연사 "S"와 좌연사 "Z"로 부른다. 직조에 쓰이는 원사는 주로 좌연(Z꼬임)이며, 가끔 모사에서는 우연(S꼬임)을 사용하기도 한다. 그러므로 좌연을 정상꼬임(Regular Twist)이라 하며 합연사에서 단사의 꼬임을 하연이라 하고 단사를 합쳐 반대방향의 꼬임으로 연합사를 만드는데 이때 합사의 꼬임을 상연이라 한다.

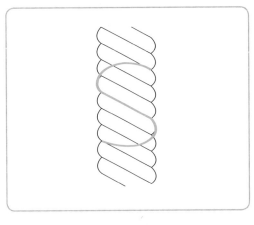
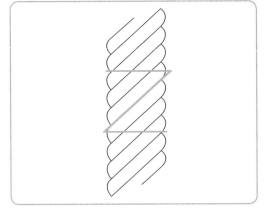

우연(S꼬임)   좌연(Z꼬임)

2) 실의 꼬임 수

실의 꼬임 수는 단위길이에 존재하는 수로서 방적사는 1inch 간의 꼬임 수 t.p.i.(Turms Per Inch)로 표기하고, 필라멘트사는 1m 간의 꼬임수는 t.p.m.(Turms Per Meter)으로 표기한다. 실의 꼬임 수는 용도에 따라 실의 굵기나 섬유의 길이가 다르다. 실은 꼬임의 수에 따라 마찰력과 강도가 증감되나 지나치게 많은 꼬임은 섬유 간에 밀어내는 힘이 작용하여 오히려 강도를 떨어뜨리며 꼬임이 많을수록 광택이 감소하고 유연성이 감소하여 실이 딴딴해지고 뻣뻣해진다.

(2) 실(Yarn)의 종류

1) 방적사(Spun Yarn)

방적사는 천연섬유 면이나 양모의 짧은 섬유와 인조섬유, 스테이플 섬유들을 방적공정에 의해 실을 만드는 공정을 거쳐 만들어진 실이다.

방적사는 필라멘트사보다 함기량이 크고 부드러우며 보온성이 높고 위생적이어서 주로 의류용으로 사용된다.

2) 단사와 교합사(Single Yarn & Combination Yarn) 또는 합사

단사는 방적과정에서 한 가닥으로 만들어진 실, 즉 합사를 만들기 전의 원사를 말하며, 섬유를 한 방향으로 꼬임을 주어 실로 만든 가장 순수한 구조의 실을 말한다.

이러한 단사를 합쳐서 꼬아 만든 것을 합사라 하며, 일반적으로 합사를 만들 때에는 단사의 꼬임 방향과 반대꼬임으로 만들게 된다. 이때 단사의 꼬임을 하연사라 하며 합사의 꼬임을 상연사라 한다.

3) 필라멘트사(Filament Yarn)

필라멘트사는 연속적인 길이의 장섬유(Filament)로 이루어져 있으며, 한 가닥의 모노 필라멘트사(Monofilament Yarn)나 여러 올로 꼬임이 있거나, 없는 다발로 이루어진 멀티필라멘트사(Multifilament Yarn)로 이루어져 있다.

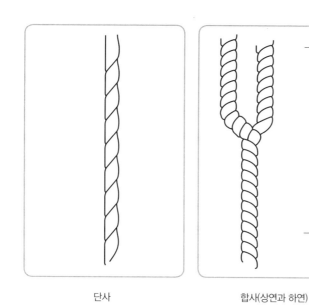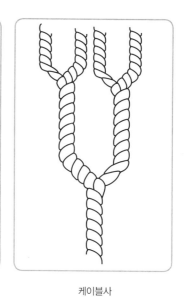

단사   합사(상연과 하연)   케이블사

4) 텍스처사(Textured Yarn)

인조섬유인 필라멘트사를 기계적인 처리에 의해 루프 또는 권축을 만들어 열 고정한 후 다시 풀어주면 영구적인 굴곡이 형성되어 필라멘트사의 단점이 개선되고 방적성과 함기량을 높여주는 벌키성이 증가한다. 이로써 더 많은 공기를 함유하여 보온성 및 신도와 탄성의 증가로 좀 더 유연하고 쾌적한 옷감 제작이 가능하게 된다.

텍스처사는 텍스처링방법에 의해 다음과 같은 종류로 구분한다.

① **스트레치사(Stretch Yarn)** : 크림프된 신도가 150~300%로 탄성이 향상된 고탄성 텍스처사

② **루프사(Loop Yarn)** : 루프가 불규칙적으로 형성된 필라멘트사

③ **하이벌크사(High Bulk Yarn)** : 고신축성과 저신축성이 공존하도록 아크릴 섬유를 혼방하여 만든 텍스처사

5) 면사(Cotton Yarn)

봉사는 면섬유의 길이가 길고 가늘어야 품질이 높고 우수하며, 최소 40mm 이상이어야 사용할 수 있다. 면 봉사는 수분과 방오성에는 취약하나 열에는 안정성이 있어 고속봉제가 가능하며 대전성에도 안정적이다.

면사는 개면과 혼면 → 타면 → 소면 → 연조 → 종소면 → 조방 → 정방의 순서로 제조된다.

6) 마사(Hemp Yarn)

마봉사는 면봉사보다 강도가 두 배 정도 강하며 내구성이 우수하여 가방이나 구두 등에 많이 쓰이고 너무 강직하여 의류 제작에는 적합하지 않다.

7) 견사(Silk Yarn)

견봉사는 생사를 합연하여 정련한 후 세리신을 제거하고 광택과 발색성을 부여한 천연 필라멘트사이다. 합성봉사에 비해 강도는 떨어지나 수축성은 낮아 봉제성이 높다. 인조견으로는 레이온(Rayon)이 대표적이다.

8) 모사(Woolen Yarn)

모사는 선모 → 정련 → 카딩 → 길링 → 코밍 → 백워싱 → 전방 → 정방의 순서로 제조된다.

① **선모** : 섬유의 길이와 섬유의 색상에 따라 선모한다.

② **정련** : 섬유의 먼지와 지방분을 제거한다.

③ **카딩** : 엉켜 있는 섬유를 풀어서 정렬과 불순물을 제거한다.

④ **길링** : 섬유집합체인 슬라이버를 균일하도록 여러 개의 슬라이버를 합쳐서 한 개의 슬라이버로 만든다.

⑤ **코밍** : 슬라이버를 다시 손질하여 짧은 섬유를 제거해 슬라이버의 균일성을 높이며, 코밍이 끝난 슬라이버는 톱(Top)이라고 한다.

⑥ **백워싱** : 방적을 원활하게 하기 위하여 불순물을 제거하고 다시 세척하는 공정이다.

⑦ **전방** : 코밍이 끝난 슬라이버를 드래프팅하고 가연하여 로빙 상태로 만든다.

⑧ **정방** : 슬라이버를 원하는 굵기까지 드래프트하여 가연하고 권취한다.

모사는 크게 방모사, 소모사, 준소모사로 분류한다.

- **방모사(Woolen Yarn)** : 섬유장이 짧은 저질의 양모 또는 노일이다.
- **소모사(Worsted Yarn)** : 질이 좋은 양모로서 길링과 코밍을 반복하여 만든 매끄럽고 균일한 모사이다.
- **준소모사(Semi-Worsted Yarn)** : 방모사와 소모사의 중간쯤의 굵고 거친 양모로, 균일하면서도 잔털이 있어 주로 편성물에 사용된다.

9) 합성사(Composite Yarn)

합성봉사는 폴리에스테르, 나일론, 아크릴, 폴리올레핀, 레이온, 폴리비닐알코올 등 용도에 따라 필라멘트봉사나 방적사로 만들어진다. 필라멘트봉사는 투명하여 매끄럽고 단단하므로 공업용 봉사로 주로 쓰이며 합성봉사는 방적이 필라멘트봉사보다 우수하며 천연사보다 내마모성과 방충성이 높다.(폴리에테르봉사, 코아봉사, 비닐론봉사, 나일론봉사 등)

① **폴리에테르봉사** : 내열성이 나일론봉사보다 우수하고 치수안정성이 높으며 일광에도 안전하며 세탁성이 좋아 의복소재로 다양하게 사용되고 있다.

② **코아봉사** : 필라멘트사를 방적사로 피복하여 강도나 봉제성을 향상시켜 다른 합성봉사에 비해 내열성과 내마모성이 우수하다.

③ **비닐봉사** : 비닐봉사는 고강도와 내열성과 내약품성은 우수하나 형태안정성, 견뢰도가 좋지 않아 일반의류용에는 적합지 않으며 산업용 자재로 주로 사용된다.

④ **나일론사** : 나일론사는 강도가 높고 내마모성이 우수하며 섬유형태로는 멀티필라멘트사, 모노필라멘트사, 신축가공사 등 3종류가 있다. 그러나 신축가공사는 신축성은 우수하나 변질의 우려 때문에 의류용보다는 구두, 가방, 소파 등 산업용 자재로 쓰인다.

(3) 실의 굵기

실의 굵기는 길이에 대한 무게의 비례관계를 기준하여 번수로 나타내고 있다. 실의 굵기를 표시하는 방법은 크게 항중식과 항장식으로 분류하며, 항중식은 주로 실의 굵기를 표시하고, 굵기의 단위는 번수로 사용된다. 실의 종류는 나라에 따라 무게와 길이의 단위가 각각 다르게 표기되어 사용하고 있다.

예를 들면 영국식 표기 1파운드는 면사길이 840야드, 마사 300야드, 소모사 560야드, 방모사 256야드가 1번수 또는 1파운드이다.

우리나라 실의 굵기 표시방법은 1g의 실의 길이가 50m이면 50번수가 되며, 공통적으로 모사와 마사의 굵기 표시에 주로 사용된다.

항중식은 실의 무게가 일정하며 길이에 따라 번수가 변하므로 실의 굵기는 번수에 비례한다.

항장식은 길이가 일정하며 무게에 따라 번수가 변하므로 실의 길이는 번수에 비례한다. 항장식에는 데니어(D)와 텍스(T)가 있으며 미터번수로 표시한다.

1) 데니어(Denier)

데니어(Td)는 주로 견사번수에 사용되어 왔으나 지금은 모든 필라멘트사의 번수에도 사용된다. 주로 필라멘트의 굵기 표시는 9,000m의 실의 무게를 g수로 나타낸 것이다. 즉, 9,000m의 실의 무게가 1이면 1d, 10g이면 10d가 된다.

$$\cdot \text{데니어(Td)} = 9 \times \frac{\text{무게(g)}}{\text{길이(km)}}$$

2) 텍스(Tex)

텍스는 실의 길이당 무게를 나타내며 텍스의 단위는 실이 가늘수록 번수가 적다. 그러므로 1km의 실의 무게를 g로 나타내는 것이며, 1km의 실의 무게가 1g이면 1tex이고, 실의 무게가 10g이면 10tex라고 표기한다.

$$\cdot \text{텍스(Tt)} = 9 \times \frac{\text{무게(g)}}{\text{길이(km)}}$$

3) 미터번수(Nm)

미터번수는 1g의 실의 무게가 갖는 길이를 미터로 표기한다.

$$\cdot \text{미터번수(Nm)} = \frac{\text{무게(g)}}{\text{길이(km)}}$$

4) 면 번수(Nec)

영국식 표기방법은 행크 수로 나타내고, 행크는 타래 또는 한 다발이라고도 한다. 면 번수는 1 파운드가 840야드를 나타내며 1번수 또는 1행크 수로 나타낸다.

- 면번수(Nec) = $\dfrac{\text{길이(Hank)}}{\text{무게(Pound)}}$

  예 1파운드의 실이 25,200(840×30)야드라면 30번수가 된다.

5) 합사의 번수 표기법

실을 구성하고 있는 합사와 케이블사의 경우 단사의 번수만 표시하고 곱하기 부호 다음에는 단사의 올수만 표시한다.

  예 1 : Nm 60×2

  　 2 : Nm 20×3×2로 표기한다.

INDUSTRIAL ENGINEER FASHION DESIGN

FASHION
DESIGN

직물과 의복소재

Textiles & Fabric

04 CHAPTER

직물과 의복소재(Textiles & Fabric)

직물조직 직물은 여러 실들이 일정한 규칙에 따라 가로와 세로로 엮어 만든 직물이다. 직물의 길이방향을 경사(날실, Warp, Ends Yarn) 방향이라 하고, 경사와 직각이 되게 짜여 있는 방향을 위사(씨실, Filling, Weft, Picks Yarn) 방향이라 한다. 직물에서 경사와 위사가 교차하는 상태를 조직이라 하며, 경사는 직기의 높은 장력과 마모에 견뎌야 하므로 꼬임이 많아 강도가 높고 늘어나지 않는다. 위사는 꼬임이 적거나 굵은 실 또는 성능사를 사용하므로 신축성이 크다. 직물의 조직에는 평직과 능직, 수자직의 3가지 기본 조직이 있으며 이를 삼원조직이라고 한다. 대부분의 직물 조직은 삼원조직 또는 삼원조직을 변화시켜서 서로 다른 조직을 배합하여 복합조직의 무늬나 도비 자카드 등 특수한 조직을 만든다.

마커 작업에서는 모든 직물의 경사방향을 식서방향이라고 하는데, 위사방향보다 유연성이 낮다. 직물은 경사를 중심으로 위사가 짜이는 조직에 따라 직물의 특성과 표면이 달라지며 이러한 조직과 특성에 따라 디자인과 용도와 봉제성 모두가 결정된다.

SECTION 01 | 직물의 경사와 위사

직물의 경사(Warp Yarn)와 위사(Filling Yarn)는 각각 서로 다른 성질을 가지며 이에 따라 실의 구조가 다를 수 있다. 경사는 직기의 높은 장력과 마모에 견뎌야 하며, 강하고 균제성이 있어야 하기 때문에 비교적 높은 꼬임이 요구된다. 위사는 종종 팬시사나 크리프사 또는 냅사 등 특수한 기능을 가진 실을 사용하기도 한다.

SECTION 02 | 직물의 경사와 위사 구분을 위한 관찰

① 셀베이지(가장자리, 변부)는 직물의 길이(경사방향)로 되어 있으며, 대부분 경사방향은 신축성이 낮다.

② 경사의 직선성이 강하고 평행인 것은 직기의 장력 때문이며, 대체로 위사에 팬시사나 성능사를 사용하게 된다.

③ 직물의 경사와 위사방향이 다를 수 있으며 경사는 일반적으로 가늘고 구조나 형태에서 높은 꼬임을 가지고 있으며 균일하다.

④ 일반적으로 위사는 크림프가 큰데, 직기의 동작에 따라 경사에 의해 영향을 받기 때문이다.

⑤ 직물에서 대체로 위사의 번수보다 경사의 번수가 크고 실은 가늘다.

⑥ 선염직물에서 줄무늬가 한 방향으로만 구성되어 있으면 그 방향이 경사방향이 된다.

그리고 직물의 종류에 따라 폭의 너비도 다양하며, 폭은 대체로 인치(Inch) 단위를 사용하고 있으나 최근에는 미터법 사용을 권장하고 있다. 면직물은 보통 36~44inch(약 91~111cm), 모직물은 54~60inch(약 137~152cm)의 폭이 일반적이다. 직물은 대부분 양쪽 가장자리가 나머지 부분보다 튼튼하고 촘촘하다. 이것은 위에서 밝힌 바와 같이 제직과정이나 가공의 후처리과정에서 양쪽에 당기는 힘을 견딜 수 있도록 한 것이다. 일반적으로 좀 더 굵은 실을 사용하거나 두 올씩 합쳐서 제직하기도 하고 특별한 조직으로 두껍고 단단하게 제직한다.

SECTION 03 | 삼원조직

(1) 평직(Plain Weave)

평직은 직물의 가장 간단한 조직으로 경사와 위사가 한 올씩 일정하게 상하로 교차되어 짜여진 직물이다. 실의 굵기와 직조 밀도에 따라 강도가 결정되며 뻣뻣하며 드레이프성이 작다.

평직의 특성은 제직과정이 단순하고 조직점이 많으므로 강하고 실용적이다. 또 조직점이 많아 경직하므로 구김이 잘 생긴다. 평직은 겉과 안이 구분이 되지 않으며 표면이 거칠어 광택이 없고 변화직물을 쉽게 얻을 수 있다. 광목, 깅엄(Gingham), 덕(Duck), 론(Lawn), 오건디(Organdy), 옥스퍼드(Oxford shirting), 홈스펀(Homespun) 등이 대표적인 평직물이다.

(2) 능직(Twill Weave)

능직은 사문직이라고도 하며, 경사 또는 위사가 연속하여 두 올 또는 그 이상의 올이 사선방향의 능선(사문선)을 나타내고 규칙적인 교차를 하면서 짜인 조직이다.

능직은 평직과 비교할 때 조직점이 적고 같은 굵기의 실로도 평직보다 밀도와 자유도가 큰 직물을 만들 수 있으며, 유연하고 구김이 덜 생기고 내구성이 좋으며 따뜻하다. 능직은 광택이 좋아 외관이 아름답고 표면이 평활하여 더러움을 덜 타지만 강도와 마찰에는 약하다. 개버딘(Gaberdine), 데님(Denim), 서지(Serge), 드릴(Drill), 트위드(Tweed), 진(Jean), 버버리(Burberry), 헤링본(Herringbone twill) 등이 대표적인 직물이다.

(3) 수자직(Satin Weave)

수자직은 주자직이라고도 하며, 경사와 위사의 조직점을 최대한 적게 하여 직물의 표면이 위사만 돋보이게 한 직물이다. 경사가 돋보이게 한 직물을 경수사라 하고, 위사가 돋보이게 한 직물은 위수사라고 한다. 수자직은 조직점이 적어 부드럽고 매끄러우며 광택이 좋으며, 구김이 적어 장식효과도 좋으나 마찰에는 약하여 실용성이 낮다. 그러나 표면이 매끄럽고 광택이 있어 광택을 이용한 외출복이나 의류의 안감용으로 사용된다.(예 공단, 비니션, 도스킨)

직물의 삼원조직을 이용하여 그 조직을 변화시키거나 몇 가지 조직을 배합하여 새로운 직물을 얻을 수 있다.

(1) 두둑직

도비장치는 비교적 간단한 무늬와 작은 무늬 또는 바둑판무늬를 만들 때 사용되는 장치이며, 이 장치로 직물에 위사나 경사방향에 이랑이 나타나도록 제직한 직물을 두둑직이라 한다. 도비장치에 의해 제직된 직물들로는 깅엄, 버즈아이, 삐케, 도비스퀘어 등이 있다.

(2) 변칙수자직

일정한 정칙수자직과는 달리 배열된 수자직이 변칙으로 배열한 수자직이다.

(3) 바스켓직

경사와 위사가 두 올 또는 두 올 이상의 올이 함께 엮이므로 특수한 효과를 얻고 바구니를 얽어 가는 조직과 같다하여 바스켓직이라 한다. 평직에 비해 조직점이 적어 부드럽고 구김이 덜 생기는 옥스퍼드지이며 셔츠감으로 널리 사용되고 있다.

(4) 믹스처직

다른 두 종류의 실로 경사와 위사로 짜여진 직물을 말하며 샴브레이(Chambrey) 등의 직물이 있다.

(5) 신능직과 파능직

능직물은 경사와 위사의 밀도가 동일하면 정칙능직이라고 하고, 경사밀도가 많아지면 급능직이라 하며, 위사밀도가 많아지면 완능직이라 한다. 이와 같이 위사와 경사의 밀도를 달리하여 변화시킨 능직을 신능직이라 하며, 사문선을 연속시키지 않고 도중에 다른 방향으로 제직한 제직을 파능직이라 한다.

(1) 편성물의 구조

편성물은 고리(Loop)와 고리의 연결에 의해 이루어진 직물로서 흔히 메리야스라 하는데, 현재는 편성물을 니트(Knit)라고 하며 메리야스는 내의용 편성물을 말한다. 편성물은 한 가닥의 실을 좌우로 왕래하면서 제직하거나 원형으로 진행하면서 원통형으로 제직하는 두 가지 편성방법으로 분류된다. 원통형의 제직을 위편성물이라 하고 직물과 같이 경사를 사용하여 제직하는 것을 경편성물이라 한다.

(2) 편성물의 특징

편성물을 직물과 비교해보면 느슨한 루프에 의해 제직되므로 신축성이 우수하여 외부의 힘에 의해 루프의 변형과 함께 신장이 생기며 신도가 높다. 따라서 신장되었다가 원상태로의 회복이 가능하므로 활동이 자유롭다. 편성물은 형태의 유지능력이 낮아서 착용이나 세탁에 의해 치수와 형태가 변하기 쉬우나 대단히 부드럽고 유연하여 인체에 구속감을 주지 않아 활동이 자유롭다. 편성물은 실의 자유도가 커서 구김이 잘 생기지 않으며(내추성), 함기율이 커서 보온성, 통기성, 투습성이 좋아 대단히 위생적이다. 편성물은 루프 하나가 끊어지면 계속 풀리는 현상이 발생하는데 이를 전선현상이라 하며, 대부분의 편성물의 가장자리가 휘말리는 성질을 가리켜 컬업(Curl Up)이라고 한다. 이 때문에 재단과 봉제가 어렵고 마찰에 의해 축융이 두터워져서 수축이 잘되며 인조섬유제품은 필링으로 인해 표면의 형태가 변화되고 마찰에 대한 강도가 낮다.

위편성에는 환편기와 횡편기의 두 종류가 있으며, 환편기는 원통상의 편성물로 매우 빠른 속도로 편성된다.
편성물의 조직은 평편, 고무편, 펄편으로 구성되어 있으며, 그 밖의 여러 가지 편성물, 턱편, 부편, 레이스편, 양면편, 자가드편, 편성파일 편성물 등 변화 편성물 조직이 있다.

직물의 경사와 같이 많은 경사의 루프(코)를 연결하여 진행하면서 구성되는 편성물이다. 편성물은 편성기의 종류에 따라 트리코트(Tricot), 라셀(Raschel), 밀라니즈(Milanese), 심플렉스(Simplex) 등으로 분류할 수 있으며, 대표적인 편성물은 트리코트(Tricot)와 라셀(Raschel) 편성물이다.

(1) 트리코트(Tricot)

트리코테(Tricoter)라는 프랑스어가 어원인 트리코트는 '편성'이라는 뜻으로 경편성물의 대명사로 쓰이고 있다. 트리코트는 밀도가 조밀하고 신축성과 벌키성이 낮아 올의 뜯김과 전선현상, 마모성 등이 적고 내구성과 강도가 위편성물보다 커서 부드럽고 평활하며 가볍고 드레이프성이 우수하여 형태안정성이 좋다.

(2) 라셀(Raschel)

라셀은 경편성물로 탄성바늘과 복합바늘을 사용하여 얇은 편성물부터 파일편성물까지 다양한 편성물을 얻을 수 있다.

(3) 기타 경편성물

트리코트 편성물과 라셀 편성물 외에 밀라니스(Milanese)와 심플렉스(Simplex) 편성물 등으로 분류된다. 밀라니스는 외양은 트리코트와 비슷하며 조직이 균일하고 신축성이 좋아 표면이 매끄러운 장점이 있으나 편성기구의 속도가 느리고 복잡하여 발전을 저해하고 있다. 이에 비해 심플렉스는 더블 트리코트의 편성물이라고 볼 수 있으며 벌키성이 높아 형태 안정성과 내전선성이 트리코트보다 우수하다.

INDUSTRIAL ENGINEER FASHION DESIGN

FASHION
DESIGN

CHAPTER

05

의복의 부속재료

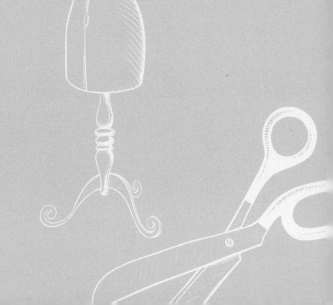

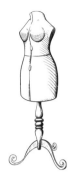

05 CHAPTER

의복의 부속재료

안감 의복에서 안감은 시접이나 심지와 포켓 등을 감추고 겉감이 비치는 것을 보완할 뿐 아니라 보온과 흡습성을 높여주어 속옷과의 마찰을 방지하며 착의와 탈의를 용이하게 해준다. 또한 오물과 땀으로부터 겉감을 보호하며 겉감의 실루엣을 보완한다.
그러므로 안감으로는 얇고 가벼우며 비치지 않는 것이 이상적이며, 매끄러우면서 강도가 높아 세탁에도 변형이 없고 마찰에 의한 정전기가 없는 것이 적당하다. 안감의 종류는 다양하며 겉감으로도 사용되고 있다.

SECTION 01 | 안감의 종류

(1) 평직(Plain Weave)

1) 태피터(Taffeta)

태피터는 나일론 또는 견직물로 밀도가 높은 평직의 직물이다. 두둑효과를 위해 위사가 경사보다 굵은 사로 짜여진 교직태피터도 있다. 태피터는 약간 뻣뻣한 특성이 있으나 매끄럽고 가벼우며 중간 두께로 적당한 탄력감과 윤택이 있어, 모나 합성섬유의 의류에 폭넓게 사용된다.

2) 시레(Ciré)

나일론이 주원료인 평직으로 짜여 있으며 거의 모든 의류에 사용되고 있다. 태피터와 비슷한 특성을 지니고 있으나 얇고 부드러우며 광택이 더 있다.

3) 조제트(Georsette)

강연사를 교대로 사용한 평직으로 견이나 레이온 합성섬유가 주원료이며 광택은 없고 거친 촉감이나 드레이프성이 높아 얇은 소재의 안감으로 주로 사용된다.

4) 무아레(Moré)

평직이나 나뭇결 무늬의 가공으로 얇고 매끄러우며 광택이 나고 강도가 높아 두꺼운 옷의 안감용으로 많이 사용된다.

(2) 능직(Twill Weave)

1) 슈러(Surah)

합성섬유로 가볍고 광택이 있는 능직물이며 촉감이 부드럽다. 스커트, 원피스드레스, 투피스 코트 등의 안감으로 널리 사용되고 있다.

2) 서지(Serge)

표면이 45° 각도의 능선으로 짜인 면섬유나 비스코스, 필라멘트사의 능직물로 남성의복 안감 등에 주로 사용된다.

(3) 수자직(Satin Weave)

1) 대머스크(Damask)

자카드(Jacquard) 무늬의 수자직으로 두껍거나 중간두께로 적당한 탄력과 촉감이 있으며 매끄럽고 강도가 높아 코트나 재킷, 피혁, 모피코트 등 두꺼운 의복에 주로 사용된다.

2) 새틴(Satin)

직물의 표면이 매끄럽고 광택이 있으며 드레이프성과 촉감이 부드러워 두꺼운 겨울용 코트 등에 많이 사용된다.

(4) 편성물(Knits Fabric)

1) 트리코트(Tricot)

경편성물로 신축성은 낮으나 가볍고 치밀하며 촉감이 부드럽다. 올이 풀리지 않는 장점이 있어 재킷, 오버코트 등에 주로 사용된다.

2) 라셀 노트(Raschel Not)

경편성물로 표면이 느슨하여 내구성은 좋지 않으나 신축성이 좋고 가벼우므로 디자인에 따라 안감으로 사용된다.

3) 파일 니트(Pile Knit)

편성물로서 제직 시에 형성된 루프에 의해 감촉이 부드럽고 따뜻한 인조모피와 같다. 겨울용 의복과 아동복 안감 등에 주로 사용된다.

SECTION 02 | 심지

심지는 일반적으로 겉감을 유지하고 보완하여 형태를 보존하며 봉제의 편리성을 높이는 역할을 한다. 심지의 종류는 접착과 비접착심지로 나뉘며 직물, 편성물, 부직포, 복합포 등으로 구성되어 있다. 심지는 겉감의 특성과 용도에 따라 디자인과 착용자의 선호도를 고려하여 선택 · 사용되어야 한다.
심지는 일반적으로 겉감을 보완하는 역할과 의류의 전체나 한정된 부분을 보완하여 형태의 보존은 물론 봉제의 편리성을 높여주고 있다.

(1) 심지의 종류

심지를 분류하면 직물심지와 편성물 부직포 심지로 나뉘며, 이들을 각각 접착과 비접착심지로 구분할 수 있다.

- 접착심지

접착심지는 한 면 또는 양면에 접착제가 고정되어 있으며 용도와 용처에 따라 프레스기를 사용하여 접착시킴으로써 옷감의 안정성과 형태를 고정하고 봉제성을 높여주며 작업의 능률이 향상된다. 심지 접착에서 온도와 압력 그리고 프레스 시간이 적합한 접착의 조건이 되며, 이외에도 형태의 고정을 위해 접착물의 급속한 냉각이 이루어져야 한다. 접착온도와 압력을 높이고 시간이 길어지면 오히려 접착력을 떨어뜨리고 접착제가 묻어나오는 현상이 발생한다. 그리고 심지와 겉감의 물성과 방향이 다르면 수축방향이 다르게 작용하여 형태안정성에 해가 될 수 있으므로 사용할 옷감과 접착상태의 적절성 그리고 접착력의 실험을 거친 후에 용도와 용처에 따라 적합한 심지 선택이 이루어져야 한다.

1) 면심지

면섬유의 심지는 세탁이나 프레스 후에 수축이 심하여 형태의 안정성을 해하는 경우가 많다. 그러므로 면섬유의 취약점을 보강하기 위해 폴리에스터 섬유를 혼합하여 얇고 밀도가 높은 심지를 제직하여 사용하고 있다. 폴리에스터 혼합 심지는 형태 보존이 우수하여 면혼방 직조에 주로 사용된다.

2) 마심지

마심지는 내마모성은 좋으나 뻣뻣하여 유연성이 없으며 신축성이 낮다. 그러나 마심지는 마찰계수가 커서 내후성이 좋고 단단하여 의복의 형태안정성을 높여주기 때문에 앞 몸판이나 칼라의 심지로 주로 사용된다.

3) 모심지

직물심지로 모심지는 사람의 머리털과 여러 종류의 털로 이루어진 직물로 표면이 거칠고 단단하지만 신축성과 유연성이 뛰어나 형태를 구성하고 보존하기에 적합하여 양복이나 재킷 코트에 사용하며 일반적인 혼방직물에 주로 사용된다.

4) 헤어클로스

헤어클로스는 모심지와 같으며 양모사를 경사와 위사에 사용하여 평직으로 제직된 직물심지이다. 면 비스코스 레이온과 말털을 비롯한 헤어(Hair) 섬유를 사용하여 평직이나 수자직으로 제직된 뻣뻣한 직물로서 주로 양복심지로 많이 사용된다.

5) 부직포와 펠트(Nonwoven & Felt)

부직포는 직물이 아닌 옷감을 의미하며, 실의 과정이 없이 섬유로 직접 만든 옷감을 뜻한다. 그러므로 펠트는 양모섬유의 스케일을 이용하여 열과 압력 수분에 의해 결합하여 서로 얽히도록 하여 섬유에서 직접 얻은 옷감이다. 이것이 펠트와 부직포이며 펠트는 양모의 축융성을 이용한 것이고, 부직포는 축융성이 없는 섬유를 이용하여 합성수지를 접착제로 접착시키거나 열에 의해 녹여서 붙여 만든 옷감이 된다.

- 부직포의 특성

부직포의 특성은 섬유원료와 접착재료 그리고 접착방법에 의해 각각 다르므로 사용 목적에 따라 적합하게 선택해 사용한다.

부직포의 가장 큰 장점은 무게의 경량으로 직물비중의 약 ⅓의 무게이며, 통기성과 투습성이 좋다. 또한 부직포는 함기율이 커서 직물에 비해 보온성이 우수하다. 부직포는 절단된 부분의 올이 풀리지 않고 결의 방향성이 없어 경제적이고 봉제성이 높다. 그리고 부직포는 접착제 또는 열융착에 의한 봉제가 가능하며, 리질리언스가 좋아 형태안정성이 우수하다.

부직포는 탄성은 좋으나 유연성이 부족하여 드레이프성이 좋지 않다. 최근에는 접착제의 개발에 의해 유연성을 함유한 부직포 개발이 지속되고 있다. 강도가 낮아 마찰에 매우 약하다. 그리고 부직포는 접착제의 특성에 따라 일반적으로 일광에 의해 강도가 현저하게 감소되기도 한다.

6) 테이프(Tape)

테이프는 의복을 제작할 때 늘어남을 방지하여 형태를 보존하고 안정시키기 위하여 앞중심선이나 어깨, 진동둘레, 목둘레, 칼라의 변 등에 테이프(접착 또는 비접착)를 사용하게 된다. 테이프의 종류에는 접착과 비접착으로 스트레이트(식서) 테이프, 바이어스 테이프, 암홀테이프 등 다양한 디자인과 용도에 적합한 테이프가 제작되고 있다.

SECTION 03 | 잠금장치

(1) 지퍼(Zipper)

지퍼는 파스너(Fastener) 라인 명칭으로 사용되다가 1891년 미국인 자드슨에 의해 고안된 명칭이다. 지퍼의 종류는 기본지퍼와 팬츠지퍼, 오픈지퍼 등 의복을 개폐하는 데 사용하는 잠금장치로서 지퍼의 구조는 테이프, 톱니, 슬라이더 3부분으로 되어 있으며, 톱니바퀴의 원리로 개폐가 가능하도록 되어 있다. 재질로는 수지코일과 금속체인이 있으며, 대부분 폴리에스테르나 나일론 코일 지퍼는 합성섬유의 테이프에 고정되어 있고, 금속체인 지퍼는 면이나 면 혼방 테이프에 고정되어 있다. 지퍼의 코일이나 체인의 굵기는 옷의 두께에 적합해야 하며 디자인에 따라 선택·사용되어야 한다.

1) 지퍼의 구조 및 명칭(KS K 6701의 구조 및 명칭)

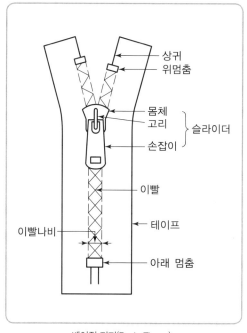

베이직 지퍼(Basic Zipper)

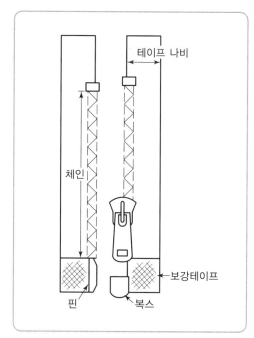

오픈 지퍼(Open Zipper)

2) 지퍼의 종류 및 용도

지퍼의 종류	명칭	용도
	기본지퍼	금속이나 합성으로 위에서 아래로 슬라이더로 개폐가 가능하며, 지퍼 아래 끝에는 멈춤 장치가 되어 있다. 보통 두께의 스커트나 바지 등에 디자인과 용도에 따라 다양하게 사용되고 있다.
	팬츠지퍼 (Pants Zipper)	팬츠지퍼는 대체로 금속체인으로 위에서 아래로 슬라이더로 개폐가 가능하며, 지퍼 끝에는 멈춤 장치가 되어 있다. 지퍼를 올린 후 슬라이더의 안전핀장치로 고정하여 쉽게 열리지 않도록 되어 있다.
	오픈지퍼 (Open Zipper)	지퍼 끝에서 좌우가 따로 분리될 수 있으며 체인이나 코일 두 종류로 구성되어 재킷이나 코트 등에 주로 사용된다.
	콘실지퍼 (Conceal Zipper)	의복의 겉면에 지퍼의 코일부분이 나타나지 않고 슬라이더만 보이는 지퍼이며, 전용 노루발을 사용하여 스커트, 원피스 등에 사용된다.

(2) 단추(Button)

단추나 스냅 혹은 훅은 기능과 장식적인 요소를 가지고 있다. 모든 잠금장치는 다양한 종류의 재료와 크기로 구성되어 있는데, 세탁이나 드라이클리닝 후에도 변형과 변질이 없어야 하며 디자인과 용도에 적합하게 사용되어야 한다.

실기둥용 단추

단추기둥단추

(3) 스냅(Snap)

스냅은 윗(볼록형)부분과 아랫(오목형)부분으로 나뉘어 한 쌍을 이루고 있으며, 단춧구멍을 만들지 않은 의복에 널리 쓰이고 있다. 스틸제나 합성수지로 된 컬러스냅 등 크기도 0.5~5.0cm로 다양하게 구성되어 있다. 그리고 스냅과 버튼이 합형을 이루고 모양과 색상도 다양하게 이루어진 잠금장치가 제작되고 있다.

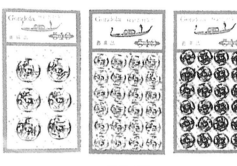

실사용 스냅

리벳 및 스냅

(4) 훅(Hook)

훅은 좌우로 나뉘어 걸어주고 걸려주는 잠금장치로 한 쌍을 이루고 있으며, 2단 또는 3단으로 치수 조절이 가능하도록 다양한 종류와 디자인으로 구성되어 있다.

훅

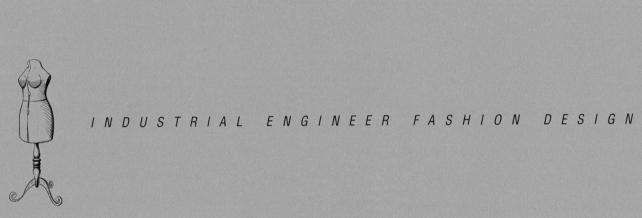

INDUSTRIAL ENGINEER FASHION DESIGN

FASHION
DESIGN

CHAPTER

06

의복제작을
위한 기초봉제

*Sewing for
the Apparel Production*

06 CHAPTER

의복제작을 위한 기초봉제

의복을 제작할 때는 봉제하는 부분이나 재질, 디자인에 따라 다양한 봉제방법이 사용되는데 하나의 옷이 완성되기까지는 기초봉에서 부분봉, 마무리봉까지 여러 단계를 거치게 된다.

(1) 시침질(Basting Stitch)

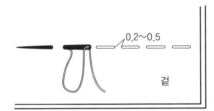

① **긴 시침질** : 두 장의 옷감을 재봉틀로 박기 전에 서로 밀리지 않도록 고정하기 위한 작업이며, 시침으로 사용된다.

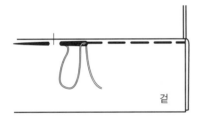

② **상침시침** : 시접의 두께나 시침한 시접의 벌어짐을 방지하고 시접의 두께감을 줄이고자 할 때 주로 사용되며, 가봉시침을 할 때 많이 사용된다.

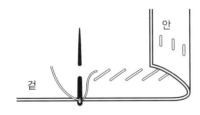

③ **어슷시침(엇시침, Diagonal Basting)** : 재봉틀에서 박음질이 끝나고 의복의 형태를 잡고자 할 때 시침하는 방법으로, 겉에서 형태를 잡으면서 고정시침을 한다.

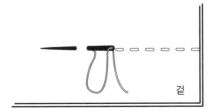

④ **보통시침(Exen Basting)** : 곡선이나 소매와 같이 직접 재봉틀로 박기 힘든 곡선이나 섬세한 부분을 고정하기 위한 방법으로 쓰이는 일반적인 시침방법이다.

(2) 홈질(Running Stitch)

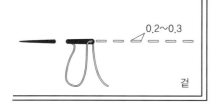

옷을 제작하는 과정에서 두 장을 같이 꿰매거나 오그림을 해야 할 때 잔홈질을 하여 오그리기를 하는 데 사용하는 바느질 방법이다.

(3) 박음질(Back Stitch)

1) 온박음질(Even Back Stitch)

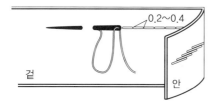

바늘땀을 뜬 후에 다시 뜬 분량만큼 뒤로 돌아와 떠주면서 바느질을 하는 방법으로 튼튼하게 시침(바느질)을 해야 할 때 주로 사용하는 바느질 방법이다.

2) 반박음질(Half Back Stitch)

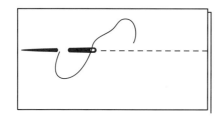

박음질과 같은 방법의 바느질이며, 공간의 반만 되돌아와 다시 뜨는 방법으로 바느질해 준다. 표면은 홈질같이 나타나지만 뒷면은 실이 반씩 겹쳐진 형태로 나타난다.

3) 한올 박음질(Prick Back Stitch)

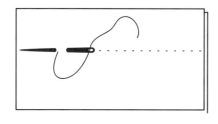

고급 옷감의 지퍼 달기나 안단과 안감의 누름 상침, 여밈의 끝 등 시접과 안감의 고정 등에 사용되는 박음질이다.

(4) 새발뜨기(Catch Stitch)

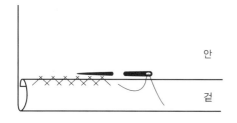

주로 스커트나 슬랙스 밑단의 오버로크 처리가 되었을 때 밑단을 감침하는 방법으로 새발뜨기를 주로 사용한다. 왼쪽에서 오른쪽 방향으로 바느질한다.

(5) 감치기(Hemming Stitch)

1) 휘감치기(Over Casting)

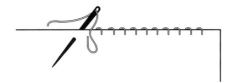

옷감의 가장자리에 올이 풀리지 않게 하기 위해 사용되는 바느질 방법으로 감침으로는 옷의 안쪽 부분에 사선 모양의 실이 나타나나 겉에서는 실땀이 보이지 않는다.

2) 공그르기(Blind Stitch)

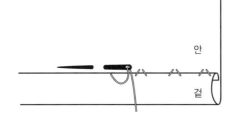

바느질한 자리의 표시가 적게 나도록 시접 속을 0.8~1cm 정도 숨은 뜨기 하고 겉감을 한 올만 뜨는 방법이다. 이 방법은 겉뿐만 아니라 안에서도 바느질 자리가 거의 표시나지 않도록 하기 위해 사용된다.

3) 새발뜨기(Catch Stitch)

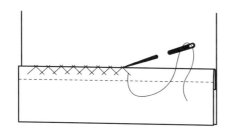

두꺼운 옷감의 단 부분이나 뒤트임 부분에 많이 사용되는 바느질 방법이다. 쉽게 뜯어지는 것을 방지하는 튼튼한 바느질법이며 장식적인 효과도 있다.

(6) 버튼홀 스티치(Button Hole Stitch)

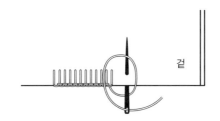

옷감의 가장자리 올풀림을 방지하기 위해 쓰이는 바느질 방법으로, 단춧구멍이나 훅을 달 때 주로 사용된다.

(7) 바이어스 테이프(Bias Tape) 만드는 방법

1) 재단방법

옷감을 가로방향과 세로방향이 수직이 되게 하여 각각 같은 길이만큼 이동하여 A와 B가 각각 45°가 되게 하여 사선을 긋고 자른다.

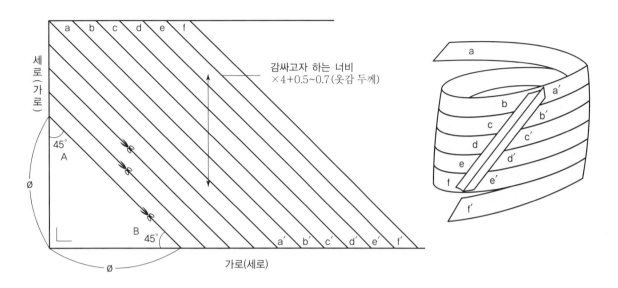

2) 바이어스 테이프 연결방법

바이어스 테이프는 가볍게 다림질한 후에 이어서 붙인다.

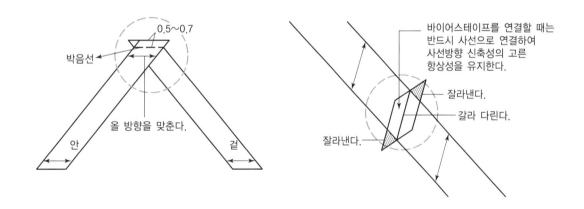

(8) 표시하기(표시뜨기)

옷감 두 장을 겹쳐 놓고 재단한 후 정확하게 박음질을 하기 위해서는 완성선의 위치를 정확하게 표시하는 것이 필수이다.(표시할 때는 표시용구, 손바느질, 재봉틀을 사용한다.)

1) 표시용구 이용

① 선을 표시할 때는 4~5cm 간격을 두고 표시한다. 이때 곡선일 때는 연속곡선(Ⓐ, Ⓑ)으로, 다트 끝점이나 시작점, 각이 이루어진 부분은 십자로 표시한다.

② 재단 후 바로 본봉을 해야 하거나 얇은 옷감의 경우에는 초크페이퍼, 차코파, 차코에이스 등 손세탁이나 시간이 경과하면 없어지는 것을 사용하는 것이 편리하다.

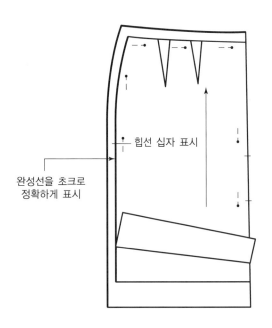
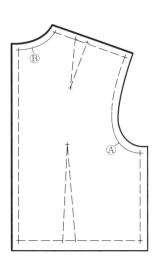

힙선 십자 표시

완성선을 초크로
정확하게 표시

2) 실표뜨기(Tailor Tack)

두 장으로 재단된 옷감에 동일한 완성선을 표시하고자 할 때 사용되며, 표시용구로 잘 표시되지 않는 옷감(두꺼운 소재, 두꺼운 모직류)이나 가봉을 해야 하는 경우에는 실표뜨기(표시뜨기)로 표시한다.

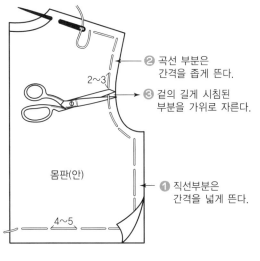

❷ 곡선 부분은
간격을 좁게 뜬다.

❸ 겉의 길게 시침된
부분을 가위로 자른다.

2~3

몸판(안)

❶ 직선부분은
간격을 넓게 뜬다.

4~5

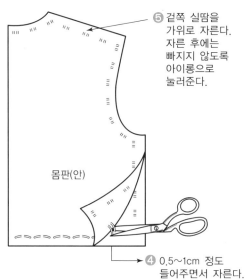

❺ 겉쪽 실땀을
가위로 자른다.
자른 후에는
빠지지 않도록
아이롱으로
눌러준다.

몸판(안)

❹ 0.5~1cm 정도
들어주면서 자른다.

3) 팔자뜨기

테일러링 재킷의 라펠 칼라에 심지를 부착할 때 사용하는 바느질 방법이다. 이는 칼라의 입체감을 살리며 형태를 오래도록 유지하기 위해 안쪽에서 형태를 만들면서 바느질하는 방법이다. 겉에서는 바느질 땀이 거의 나타나지 않고 안쪽에서만 팔자 모양의 바느질 형태가 남게 된다.

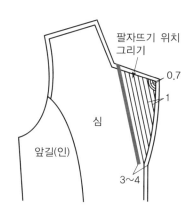

① 심지에 팔자뜨기할 선 그리기

② 오른쪽에서 왼쪽방향으로 팔자뜨기하기

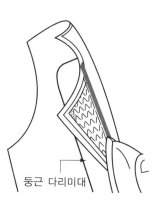

③ 프레스 볼을 이용한 다림질

(1) 가름솔(Plain Seam) : 시접분 접어박기

가름솔은 솔기처리방법 중 가장 일반적으로 사용되며, 어깨솔기, 옆솔기 등에 주로 많이 쓰이는 방법이다.

① 옷감을 겉과 겉끼리 맞추어 완성선을 박는다.

② 박은 시접을 갈라 다린 후, 시접끝 0.5cm를 접고 0.1~0.2cm 길이로 끝박음질한다.

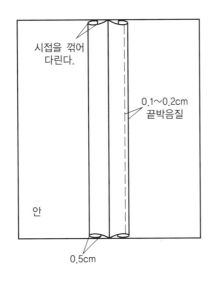
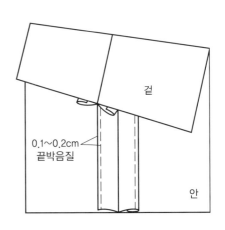

(2) 쌈솔(Flat Felled Seam)

솔기처리방법 중 가장 견고하고 기능성이 높은 방법으로 아동복, 작업복, 운동복 등에 많이 사용된다. 안과 겉 모두 깨끗하게 감싸여 처리되므로 안과 겉 모두 사용 가능하다.

① 옷감의 겉과 겉을 맞춘 뒤 완성선 위치를 박는다.

② 스티치를 박는 쪽의 시접을 0.3~0.4cm 남기고 자른다. 넓은 쪽의 시접으로 좁은 쪽 시접을 감싸 다린다.

③ 감싼 시접과 원판을 같이 0.2cm 끝스티치를 한다.(0.5cm 간격으로)

④ 다리미로 정확하게 접어서 다린 시접을 상침시침한 후 시침한 선을 박는다.

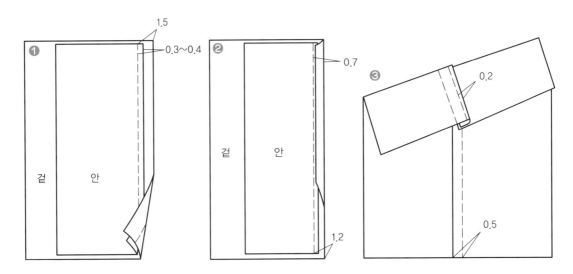

(3) 통솔(French Seam)

얇고 비치는 옷감의 블라우스나 올이 풀리기 쉬운 옷감으로 옷을 만들 때, 튼튼하게 시접처리를 하고자 할 때 주로 사용된다.

① 안과 안을 마주 놓고 완성선에서 시접 쪽으로 0.5~0.7cm 나가서 박는다.

② 시접을 0.3~0.4cm 남기고 자른다.

③ 뒤집어서 다시 겉과 겉을 마주 놓고 완성선(0.5~0.7cm 들어간 선)을 박는다.

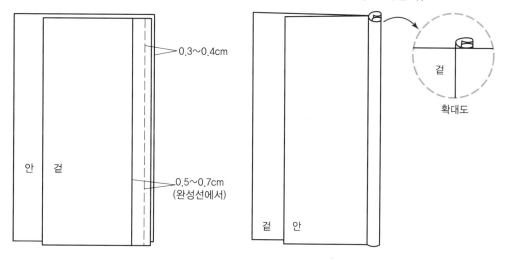

(4) 뉜솔(Welt Seam)

1) 두꺼운 옷감일 때

① 스티치를 박는 쪽의 시접을 스티치 폭보다 좁게 남기고 잘라낸 후 다른 한쪽 시접은 오버로크로 한다.

② 좁은 시접 쪽으로 넓은 시접을 넘겨 다림질한 후 시침한다.

③ 겉을 보면서 스티치한다.

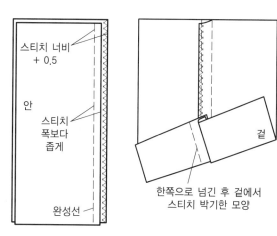

2) 얇은 옷감일 때

① 시접 두 장을 모아서 같이 오버로크 재봉을 한다.

② 스티치를 해야 하는 쪽으로 아웃스티치를 한다.

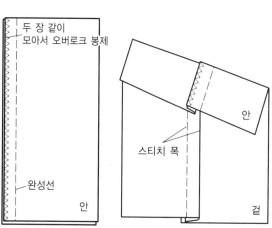

(5) 바이어스 테이프 처리방법

① 안감을 넣지 않는 재킷이나 블라우스의 시접 처리방법으로 바이어스 테이프를 싸서 원피스드레스의 시접을 정리한다.

② 준비된 바이어스 테이프를 갈라 다림질해 놓은 양쪽 시접 끝을 감싸서 박음질한다.

(6) 핑킹가위 처리방법

① 옷감의 올이 잘 풀리지 않는 옷감에 사용되는 시접 처리방법이다.

② 시접분의 끝을 핑킹가위로 자른 다음 시접을 갈라 다린다.

(7) 오버로크로 처리하는 방법

오버로크 재봉틀로 옷감의 올이 풀리는 것을 처리하는 방법이며, 시접은 모으거나 갈라서 오버로크한 다음 다림질한다.

(8) 휘갑치기 가름솔

니트의 직물에 적합한 시접처리법으로 시접분의 끝을 휘갑치기로 올이 풀리지 않도록 처리하는 바느질 방법이다.

(9) 지그재그로 처리하는 방법

지그재그 스티치로 시접을 처리하는 방법으로, 옷감이 두꺼울 때 주로 사용되며 시접은 갈라 다린다.

(1) 두 번 접어 박는 방법

1) 두껍고 비치지 않는 옷감

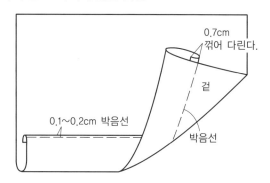

옷감을 두 번 접어서 박는 방법으로 비치지 않는 면, 마, 합성섬유 등에 주로 사용된다.

2) 얇고 비치는 옷감(두 번 접어 단처리)

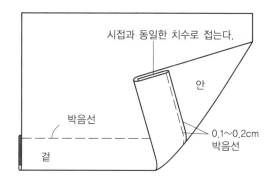

옷감이 얇거나 비치는 경우 옷감을 단 시접량 만큼 한 번 더 접어 세 겹이 되도록 한 뒤 재단 끝선이 비쳐 나오지 않게 해서 박는다.

3) 바이어스테이프처리단(Bias Taped Hem)

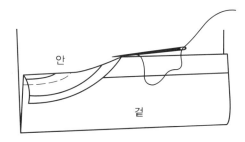

두꺼운 직물의 단을 처리할 때 적합한 방법으로 3~4cm 너비로 재단하여 겉에 마주 놓고 박는다. 박은 시접을 적당량(0.3~0.4cm) 남겨 놓고 자른 후 감싸 넘겨서 숨은 박음 또는 0.1cm 너비로 상침한다.

4) 플레어드단(Flared Hem)

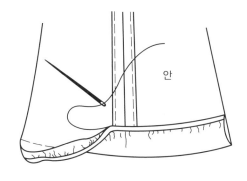

플레어드단은 시접 끝선이 완성선의 길이보다 길기 때문에 단 끝선을 굵은 땀으로 박은 후 오그림하여 다림질로 자리잡음한다. 자리잡음된 단 끝을 바이어스나 오버로크 처리하여 손바느질로 정리한다.

5) 심지처리단(Inerfaced Hem)

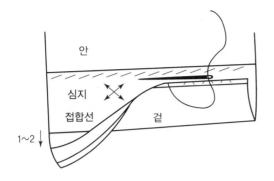

재킷이나 코트 등 단에 심지를 대줌으로써 인체의 곡선을 따라 유연하게 접히고 중량감을 주어 옷의 태 유지와 안정감을 준다.

① 심지를 바이어스로 단 넓이보다 3~4cm 넓게 재단한다.

② 심지를 완성선에서 1~2cm 아래로 붙인 후 엇뜨기로 고정한다.

③ 바이어스로 시접 끝을 싸서 처리한 후 손바느질(감침질)을 한다.

(2) 끝단박기

1) 얇고 부드러운 옷감

얇고 부드러운 옷감으로 주름이나 프릴 등 시접 끝을 좁게 말아 박고자 할 때 사용한다.

① 옷감의 끝을 접어 0.1cm 길이로 박는다.

② 여분의 단을 재봉선 가장자리까지 잘라낸다.

③ 다시 접어서 끝박음질한다(0.1~0.2cm).

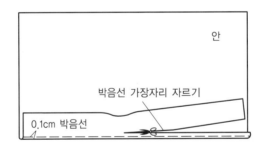

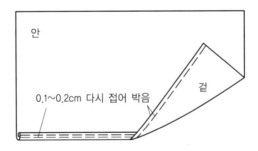

(1) 스커트(Skirt) 지퍼

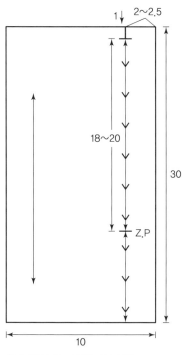

① 가로(위사, 푸서) 10cm, 세로(경사, 식서) 30cm의 머슬린을 두 장씩 세 쌍을 준비한다.

② 준비된 각각의 머슬린에 지퍼 위치(18~20cm)를 설정한다.(실제 사용치수 적용 실습)

③ 설정된 지퍼 위치(18~20cm)를 각각 표시한다.(실표뜨기 또는 초크페이퍼 사용)

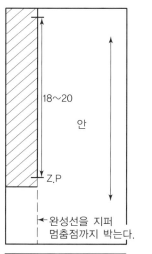

① 착용했을 때 오른쪽 안의 시접에 심지를 붙인 후 겉과 겉을 마주하고 시침으로 고정한다.

② 시침으로 고정된 옷감을 아래에서 지퍼 멈춤 위치까지 박음질한다.

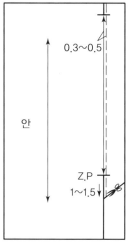

① 나머지 왼쪽 시접은 완성선에서 시접 쪽으로 0.3~0.5cm 안으로 지퍼 멈춤 위치에서 1~1.5cm까지 박는다.

② 1~1.5cm 아래까지 박은 지점의 시접을 잘라 준다.(왼쪽)

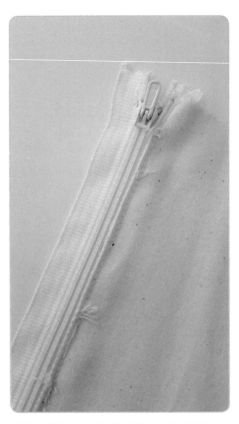

① 시접에 박음된 선을 접어서 잘라진 위치까지 슬라이더(손 잡이, 잠금장치)를 겉으로 향하게 하여 시침고정한다.
② 시침고정된 지퍼를 지퍼 멈춤점 1cm 아래부터 0.3~ 0.5cm를 시접 쪽으로 들여 박는다.

③ 사진과 같이 지퍼 시작점의 막음쇠를 완성선에서 0.5cm 내려 박는다.

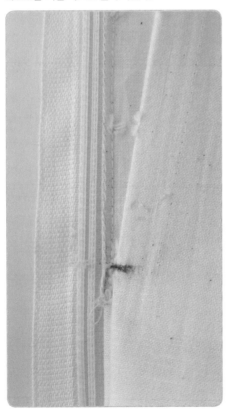

④ 완성선에서 시접 쪽으로 0.3~0.5cm 들여 박고 지퍼 멈춤점에서 1~1.5cm 내려 박은 상태

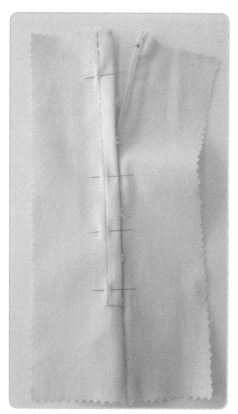 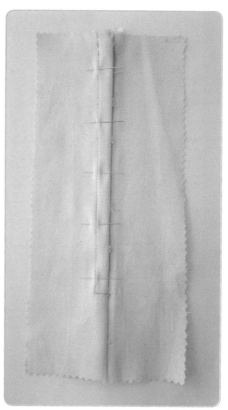

⑤ 겉에서 완성선을 맞추어 시침한 후 박음선을 표시한다.

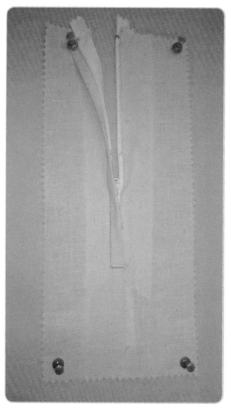 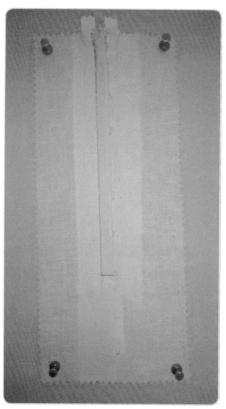

⑥ 지퍼를 겉에서 박은 상태와 지퍼 달림 상태 및 활용도의 안전상태 확인

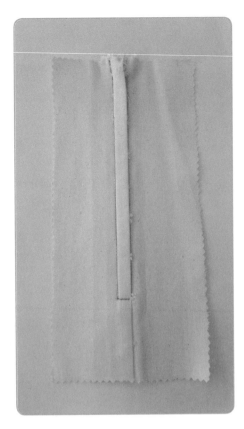

⑦ 스커트 지퍼 달기 완성 상태

(2) 팬츠(Pants) 지퍼

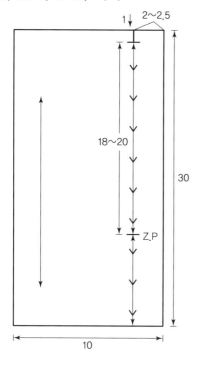

① 가로(위사, 푸서) 10cm, 세로(경사, 식서) 30cm의 머슬린을 두 장씩 세 쌍을 준비한다.
② 준비된 각각의 머슬린에 지퍼 위치(18~20cm)를 설정한다.(실제 사용치수 적용 실습)
③ 설정된 지퍼 위치(18~20cm)를 각각 표시한다.(실표뜨기 또는 초크페이퍼 사용)

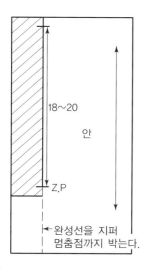

① 착용했을 때 오른쪽 안의 시접에 심지를 붙인 후 겉과 겉을 마주하고 시침으로 고정한다.
② 시침으로 고정된 옷감을 아래에서 지퍼 멈춤 위치까지 박음질한다.

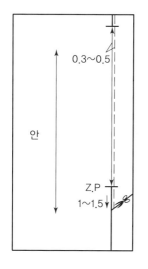

① 나머지 왼쪽 시접은 완성선에서 시접 쪽으로 0.3~0.5cm 안으로 지퍼 멈춤 위치에서 1~1.5cm까지 박는다.
② 1~1.5cm 아래까지 박은 지점의 시접을 잘라 준다.(왼쪽)

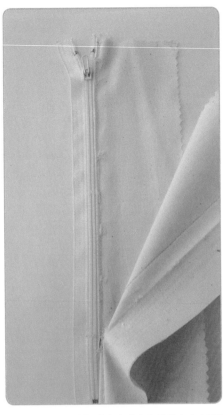

① 시접에 박음된 선을 접어서 잘라진 위치까지 슬라이더 (손잡이, 잠금장치)를 겉으로 향하게 하여 시침고정한다.
② 시침고정된 지퍼를 지퍼멈춤 1cm 아래부터 0.3~0.5 를 시접 쪽으로 들여 박는다.

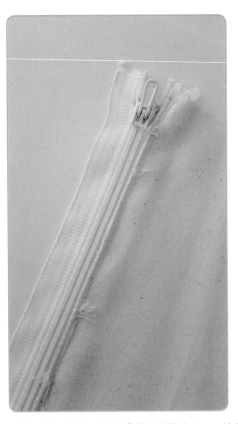

③ 사진과 같이 지퍼의 시작점을 완성선에서 0.5cm 아래로 내려 박는다.

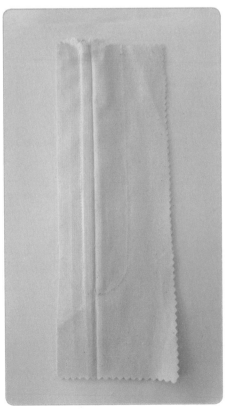

④ 착용 시 오른쪽 시접 안 지퍼 멈춤점에서 1~1.5cm까지 내려 박은 상태

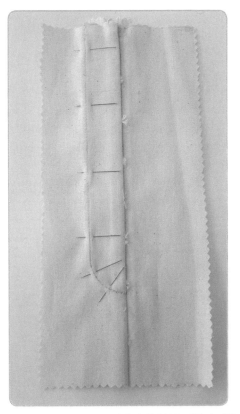 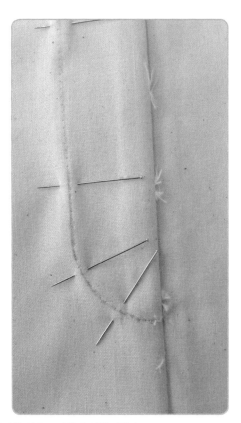

⑤ 겉에서 완성선을 맞추어 시침하고 박음질할 선을 표시한 후 박음질한다.

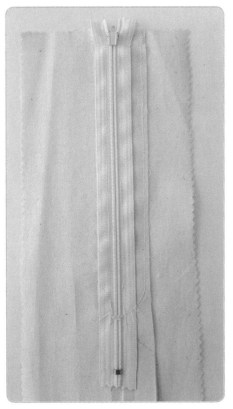 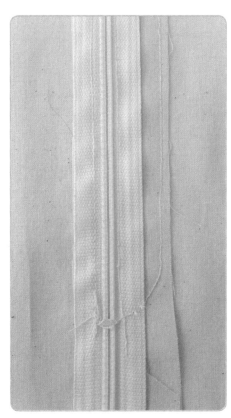

⑥ 박음질된 팬츠 지퍼 뒷면 상태

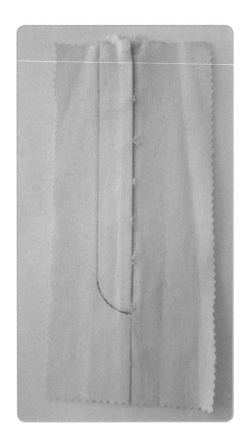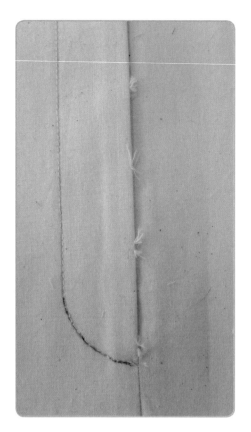

⑦ 팬츠 지퍼 달기 완성 상태(겉 모양)

(3) 콘실(Conceal) 지퍼

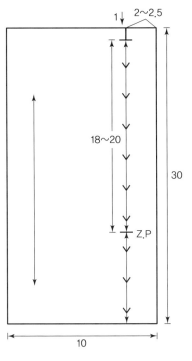

① 가로(위사 푸서) 10cm, 세로(경사, 식서) 30cm 의 머슬린(광목) 두 장을 준비한다.
② 준비된 각각의 옷감(머슬린)에 지퍼 위치 (18~20cm)를 설정한다.(실제 치수 적용)
③ 옷감 두 장의 겉면을 마주 놓고 지퍼 위치(18 ~ 20cm)를 표시한다.(실표뜨기 또는 초크페이 퍼 이용)

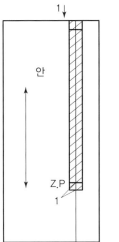 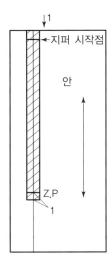

① 준비된 옷감 안쪽 지퍼 위치시접에 직선(식서) 테이프를 부착한다.
② 심지가 부착된 옷감 두 장을 겉이 마주 보게 하 여 완성선을 맞추어 시침고정한다.
③ 지퍼를 열어서 물에 적시거나 충분한 습기를 가한 후 톱니를 젖히고 테이프 부분을 펴서 다 림질한다.

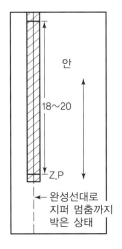

① 겉과 겉끼리 완성선을 맞추고 시침으로 준비된 옷감을 지퍼 멈춤위치까지 박음한다.
② 겉과 겉끼리 완성선을 맞추어 박음질된 두 장 의 옷감을 완성선대로 갈라 다린다.

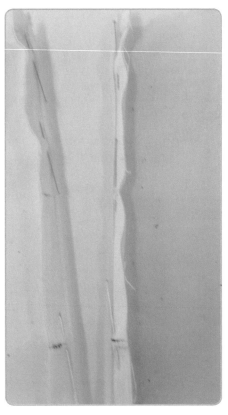

① 옷감시접 겉쪽의 완성선에 슬라이더(잠금장치)와 겉을 마주대고 지퍼의 시작점을 완성선에서 0.5cm 내려 시침한다.

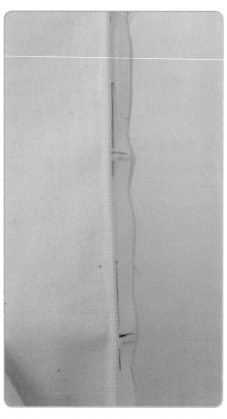

② 옷감의 겉쪽에서 시접 쪽으로 시작점을 완성선에서 0.5cm 내려 시침된 지퍼를 톱니와 0.2~0.3cm 간격을 두고 박음한다.

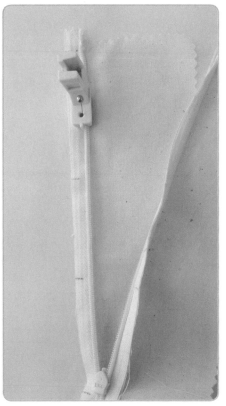

③ 옷감의 완성선에서 지퍼의 시작점을 0.5cm 아래에 위치하도록 박는다.

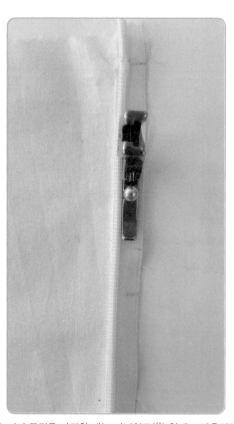

④ 지퍼 끝점을 마감할 때는 터널입구(ノ|ヽ) 형태로 박음질하여 슬라이더가 올라가기 쉽도록 한다.

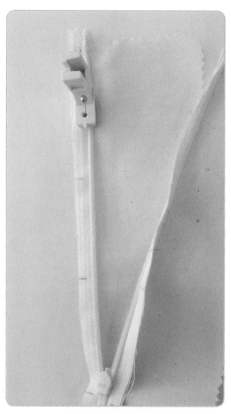

⑤ 콘실지퍼 전용 노루발을 이용하여 박음질하는 상태

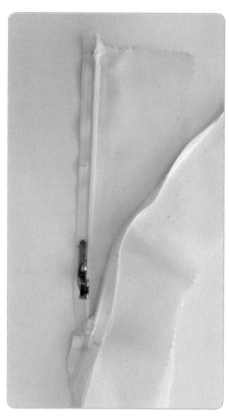

⑥ 외발 노루발을 이용하여 지퍼를 박음질하는 상태

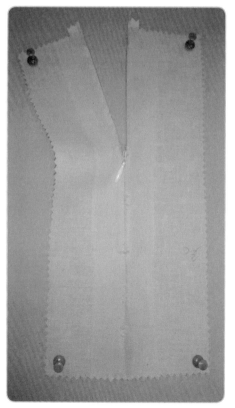

⑦ 외발과 전용 노루발을 이용하여 지퍼를 박아 놓은 상태

 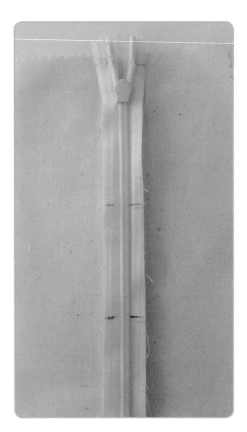

⑧ 콘실 지퍼 달기(완성)된 겉과 안의 모양

(1) 가로선의 단춧구멍 위치 설정방법

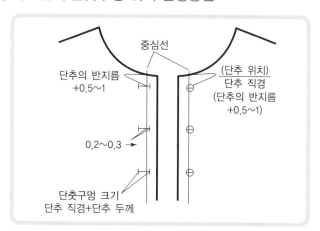

단추 달림 위치 : 착용했을 때 왼쪽
앞 중심선에 단추 부착

(2) 세로선의 단춧구멍과 단추 달림 위치 설정방법

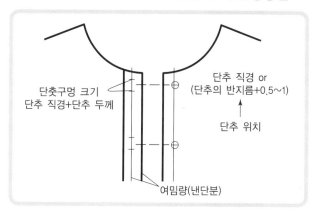

단추 달림 위치 : 착용했을 때 왼쪽
앞 중심선에 단추 부착

(3) 라펠선(Lapel Line)이 형성될 때 단춧구멍과 단추 달림 위치 설정방법

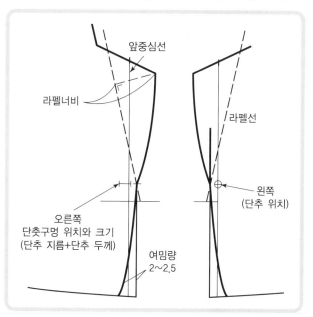

단추 달림 위치 : 착용했을 때 왼쪽
앞 중심선에 단추 부착

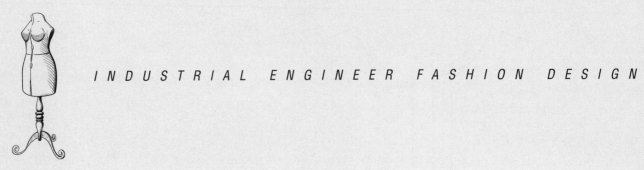

INDUSTRIAL ENGINEER FASHION DESIGN

07

블라우스

Blouse

Blouse 블라우스(Blouse)는 상반신에 착용하는 의복의 총칭으로서 여성들이 즐겨 착용하는 의복이다. 착용방법으로는 오버 블라우스와 언더 블라우스 또는 턱인 블라우스 스타일로 착용 목적에 따라 다양하게 연출할 수 있다.

블라우스는 영국에서 불리는 블리오(Bliaud)라는 어원의 유래와 블라우스를 언더 블라우스로 착용했을 때 허리선에서 생기는 처짐의 블라우징에서 명칭 사용이 시작되었다고 한다. 블라우스의 명칭은 형태와 디테일에 따라 구분할 수 있다. 형태에 따른 명칭으로는 오버블라우스, 언더·턱인 블라우스, 셔츠 블라우스, 미디 블라우스 등이 있고, 디테일에 따른 명칭에는 스탠드 칼라 블라우스, 롤 칼라 블라우스, 플랫 칼라 블라우스, 세일러 칼라 블라우스, 컨버터블 칼라 블라우스, 타이 칼라 블라우스, 프릴 칼라 블라우스, 셔츠 칼라 블라우스 등이 있다.

스탠드 칼라 목둘레는 손가락 2~3개가 들어갈 정도의 여유를 두고 제작해야 한다. 옆목점과 앞중심점에서 0.5~0.8cm 정도 넓힌 후 제도설계를 한다.

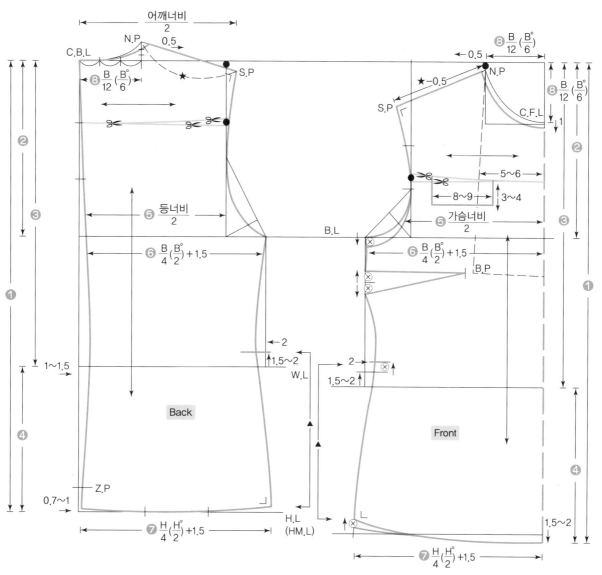

■ **적용치수**

부위	약호	치수
어깨너비	S.W	37
등너비	B.W	35
등길이	B.L	37
상의길이	B.N.P.L	52
가슴너비	B.W	33
유두길이	B.R.L	24
앞길이	F.L	39.5
유두폭	B.P.W	18
가슴둘레	B.G	84
엉덩이둘레	H.G	92

■ **제도설계 순서**

뒤판(Back)	앞판(Front)
❶ 상의길이	❶ 상의길이+차이치수
❷ 진동깊이(B.L)	❷ 진동깊이
❸ 등길이	❸ 앞길이(등길이+차이치수)
❹ 엉덩이길이(H.L)	❹ 엉덩이길이
❺ 등너비	❺ 가슴너비
❻ B.L의 품치수	❻ B.L의 품치수
❼ H.L의 품치수	❼ H.L의 품치수
❽ 목둘레	❽ 목둘레

(1) 스탠드 칼라 제도설계

- **적용치수**

  뒷목둘레(B.N)

  앞목둘레(F.N)

  칼라 너비 : 4~5

- **제도설계 순서**

  ❶ 직각 그리기

  ❷ 칼라 너비 설정

  ❸ 뒷목 치수

  ❹ 앞목 치수

  ❺ 1.5~2cm 위로 올린다.

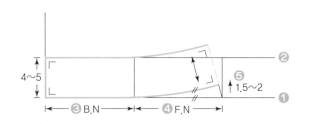

(2) 소매 제도설계

- **적용치수**

  F.A.H : 22

  B.A.H : 23

  소매길이 : 56

  커프스 너비 : 5

  커프스 둘레 : 20

- **제도설계 순서**

  ❶ 소매길이 : 57

  (소매길이−커프스 너비(5)+여유량 1~1.5)

  ❷ 소매산 : $\dfrac{\text{A.H(F.A.H+B.A.H)}}{3}$

  ❸ $\dfrac{\text{팔꿈치선 소매길이}}{2} + 3{\sim}4$

  ❹ F.A.H : 22

  ❺ 중심선 내려긋기

  ❻ B.A.H : 23

  ❼ 옆선 내려긋기

  ❽ 소매산 곡선 그리기

  ❾ 중심선 이동(F→)하기

  ❿ 소매밑단 그리기

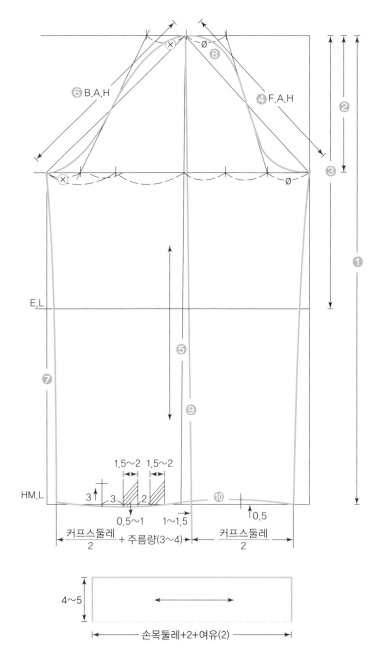

1) 겉감 재단

마름질(재단)되어 지급된 겉감의 부위별 시접을 정확하게 재정리한다.

2) 안감 재단

① 시험 요구사항에 적합하도록 주어진 부분만 재단하기(**예** 소매안감 넣을 때, 넣지 않을 때 확인)
② 안감은 시접이 정리된 겉감을 놓고 재단한다.

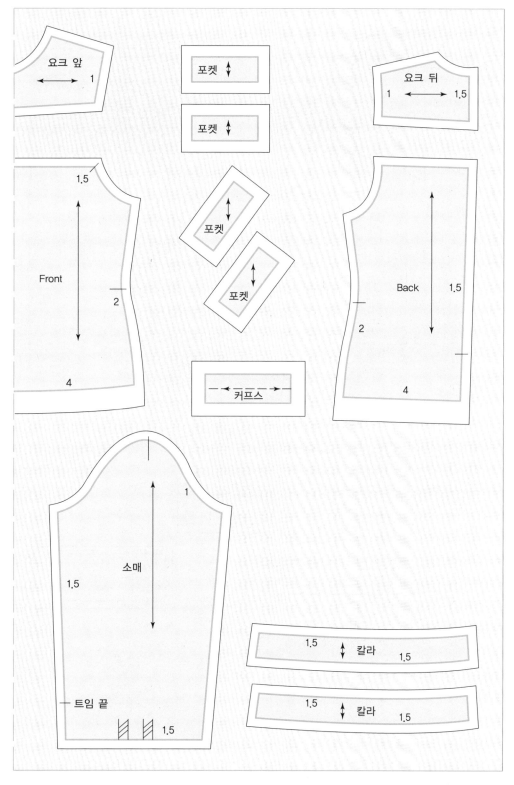

① 심지는 안칼라와 주머닛감의 안쪽 그리고 커프스감 안쪽에 붙인다.

② 테이프는 목 둘레선, 진동 둘레선, 지퍼 위치에 붙인다.

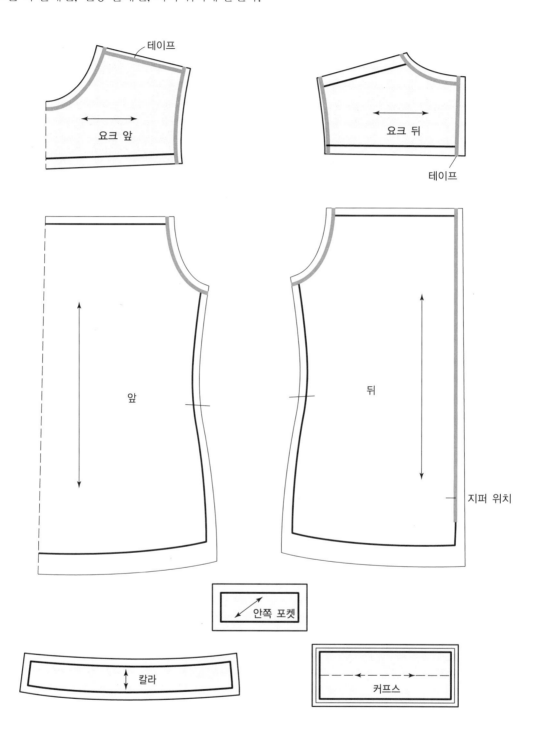

(1) 앞판 제작

① 주머니 뚜껑(포켓플랩)을 만들고 장식박음(상침)한다.
② 만들어진 주머니 뚜껑을 몸판과 요크선에 끼우고 박음한다.
③ 박음질된 요크선의 시접을 요크 위로 올리고 장식박음(상침)한다.

(2) 뒤판 제작

① 요크선을 박은 후 시접을 요크 위쪽에 두고 장식(상침)박음한다.
② 뒷중심선은 지퍼 위치만 남기고 박음한다.
③ 지퍼 위치에 콘실지퍼를 단다.

(3) 안감 제작

① 앞과 뒤의 몸판을 겉감과 같은 방법으로 박음한다.
② 앞판과 뒤판의 어깨선과 옆선을 박은 후 시접을 모아서 뒤로 넘긴다.

(4) 소매 제작

① 커프스를 주어진 치수에 맞게 만든다.
② 소매 밑단의 시접을 중심 쪽으로 향하게 하고 고정시침한다.
③ 소매산은 잔홈질을 한 후 적당량의 이즈(Ease)를 잡는다.
④ 소매 트임분을 남기고 옆선을 박은 후 가름솔 처리하여 커프스를 연결한다.

(5) 앞판, 뒤판 연결(겉감)

어깨선과 옆선을 박고 가름솔 처리한다.

(6) 안감과 겉감 합봉

안감과 겉감의 목선완성선을 맞추어 시침고정한다.

(7) 칼라 달기

칼라를 만들어진 몸판에 연결한다.

(8) 소매 달기

① 겉감의 암홀선과 안감의 암홀선을 맞추어 시침한다.
② 만들어진 소매를 몸판에 연결한다.
③ 겉감 지퍼 위치와 안감을 감침(공그르기)으로 고정한다.

(9) 마무리(끝손질)

실표뜨기와 실밥을 제거한 후 다림질로 형태를 잡으며 정리한다.

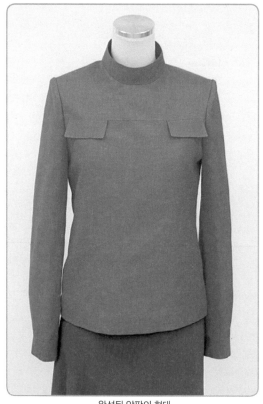

완성된 앞판의 형태

칼라 확대도

완성된 뒤판의 형태

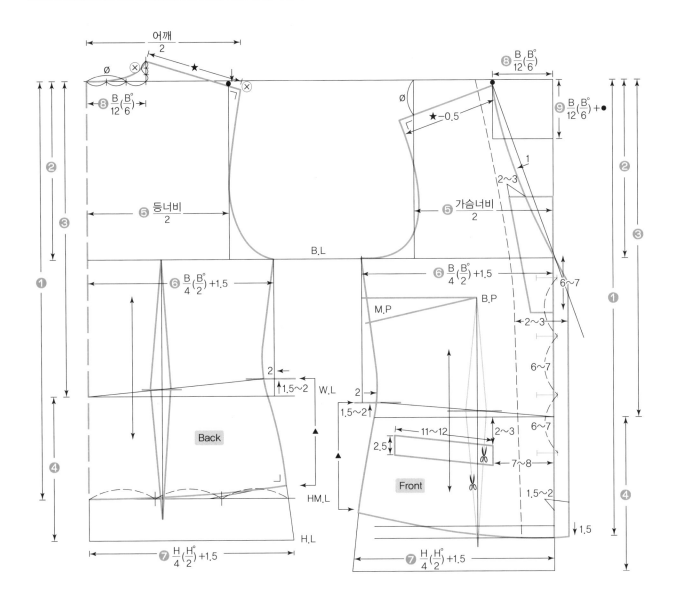

■ 적용치수

부위	약호	치수
어깨너비	S.W	37
등너비	B.W	35
등길이	B.L	37
상의길이	B.N.P.L	50
가슴너비	B.W	33
유두길이	B.R.L	24
앞길이	F.L	39.5
유두폭	B.P.W	18
가슴둘레	B.G	84
엉덩이둘레	H.G	92

■ 제도설계 순서

뒤판(Back)	앞판(Front)
❶ 상의길이	❶ 상의길이+차이치수
❷ 진동깊이(B.L)	❷ 진동깊이
❸ 등길이	❸ 앞길이(등길이+차이치수)
❹ 엉덩이길이(H.L)	❹ 엉덩이길이
❺ 등너비	❺ 가슴너비
❻ B.L의 품치수	❻ B.L의 품치수
❼ H.L의 품치수	❼ H.L의 품치수
❽ 목둘레	❽ 목둘레

1) 세일러 칼라 제도설계

세일러 칼라는 플랫 칼라(Flat Collar)의 일종으로 칼라의 세움양이 없이 몸판(Bodice)에 따라 누워 있는 형태의 칼라이다. 제도되어 있는 몸판(Bodice)을 잘라 앞판과 뒤판의 어깨선을 적당히 겹쳐서 제도설계한다. 이때 겹침양에 따라 칼라의 세움양을 조절하여 플랫이나 프릴 또는 목선의 세움양이 형성이 되는 스탠드 분량을 조절할 수 있다.

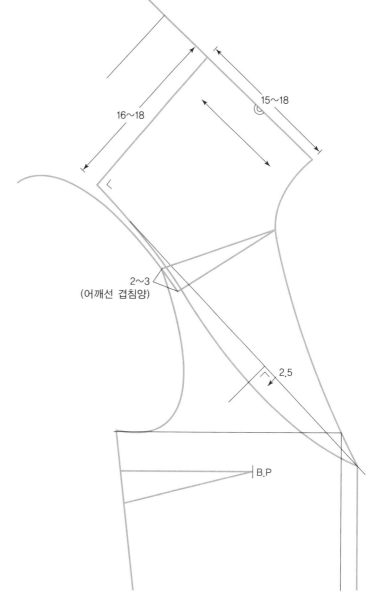

2) 소매 제도설계

■ 적용치수

❶ 소매길이 : 22

❷ 소매산 : $\dfrac{F.A.H + B.A.H}{3}$

❸ F.A.H

❹ 중심선 긋기

❺ B.A.H

❻ 옆선 긋기

❼ 소매밑단 긋기

❽ 소매산 곡선 그리기

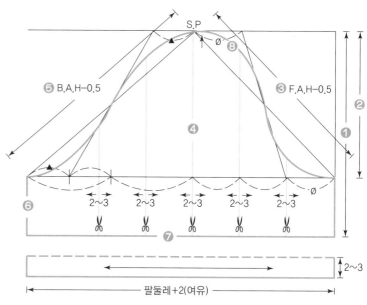

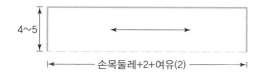

블라우스와 같이 소재가 얇은 옷감일 때는 앞판 안단을 붙여서 재단하는 것이 효율적이다.

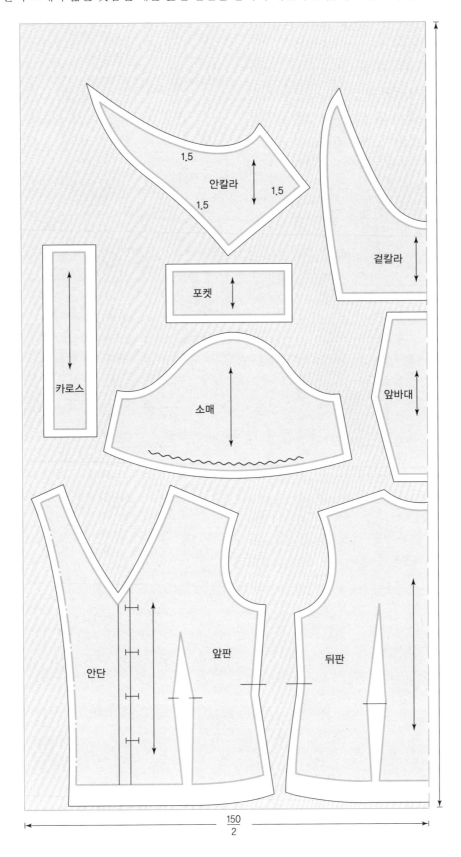

참·고

심지 작업   몸판 안단과 밑칼라 그리고 커프스에 심지를 부착한다.

(1) 소매 제작

① 소매산은 시침실(목면)로 잔홈질하여 적당량의 이즈(Ease)를 넣는다.

② 소매 밑단은 큰땀박음하여 셔링을 잡고 소매안선을 박은 후 가름솔 처리한다.

③ 커프스에 심지를 붙인다.

④ 커프스를 만들어(개폐 없이) 소매 밑단에 연결한다.

(2) 칼라 제작

① 밑칼라에 심지를 붙인다.

② 겉칼라와 심지작업이 된 밑칼라 둘레를 합봉한다.(겉칼라 둘레 여유분 : 0.2cm 정도)

③ 박음된 칼라를 어슷시침하며 형태를 만든다.

(3) 앞판 제작

① 앞판의 다트를 박고 시접을 중심 쪽으로 모아 다림질한다.

② 앞판의 안단에 심지를 붙인다.

③ 앞판의 안단 시접을 접어 다린 후 끝박음으로 정리한다.

(4) 뒤판 제작

다트를 박은 후 시접을 중심 쪽으로 모아 다린다.

(5) 몸판의 앞판과 뒤판 연결

① 어깨선과 옆선을 박은 후 시접을 0.2cm 길이로 끝박음하여 가름솔 처리한다.

② 만들어진 칼라를 몸판과 안단 사이에 끼워 넣고 박는다.

③ 뒷목둘레선의 시접을 바이어스로 감싸 정리한다.

(6) 몸판과 소매 연결

몸판과 만들어진 소매를 연결한 후 시접을 바이어스로 감싸 정리한다.

(7) 마무리(끝손질)

① 실밥을 제거하고 단춧구멍을 만든다.

② 다림질을 하여 구김을 펴고 형태를 잡는다.

③ 단추를 단다.

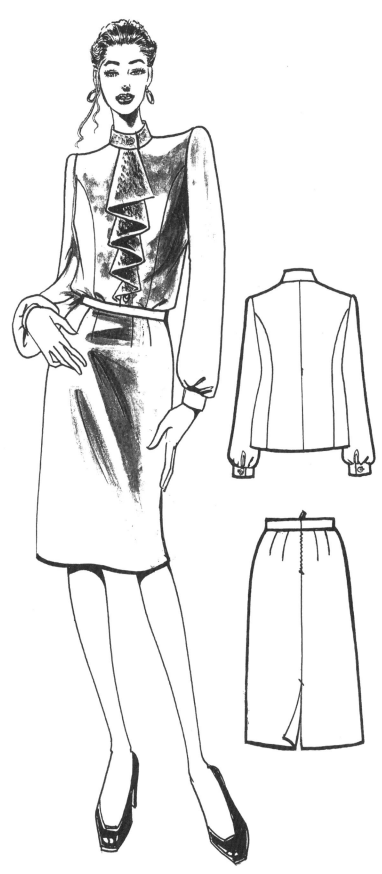

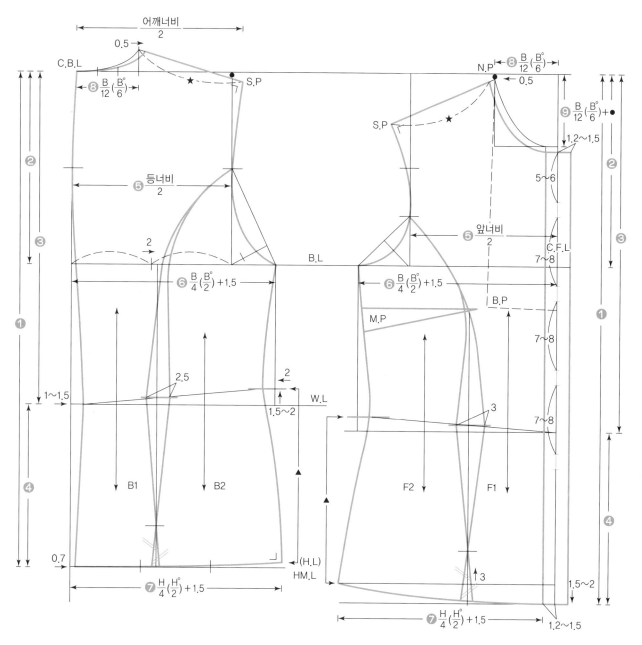

■ 적용치수

부위	약호	치수
어깨너비	S.W	37
등너비	B.W	35
등길이	B.L	37
상의길이	B.N.P.L	52
가슴너비	B.W	33
유두길이	B.R.L	24
앞길이	F.L	39.5
유두폭	B.P.W	18
가슴둘레	B.G	84
엉덩이둘레	H.G	92

■ 제도설계 순서

뒤판(Back)	앞판(Front)
❶ 상의길이	❶ 상의길이+차이치수
❷ 진동깊이(B.L)	❷ 진동깊이
❸ 등길이	❸ 앞길이(등길이+차이치수)
❹ 엉덩이길이(H.L)	❹ 엉덩이길이
❺ 등너비	❺ 가슴너비
❻ B.L의 품치수	❻ B.L의 품치수
❼ H.L의 품치수	❼ H.L의 품치수
❽ 목둘레	❽ 목둘레

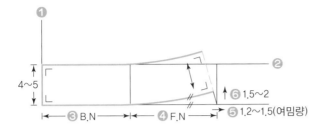

■ 필요측정치수

B.N
F.N
칼라 너비

■ 제도설계 순서

① 직각 그리기
② 칼라 너비 적용
③ B.N 치수 적용
④ F.N 치수 적용
⑤ 여밈량 적용
⑥ 1.5~2cm 위로 올리기
⑦ 칼라 실선 그리기

SECTION 03 | 프릴 칼라 제도설계

프릴은 디자인에 따라 프릴 너비와 길이를 설정 절개법을 이용하여 프릴양을 3~5cm의 너비로 벌려 그려준다. 이때 프릴 너비와 프릴 분량은 디자인에 따라 증감할 수 있다.

■ 절개법을 이용한 칼라 전개도

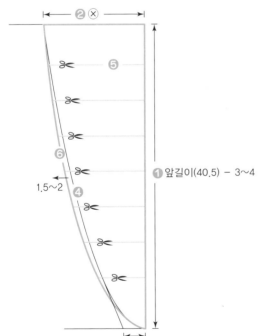

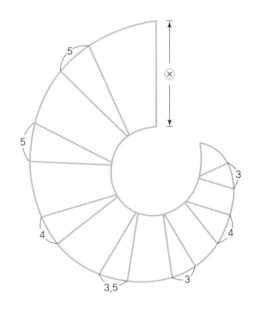

Tip 프릴 위치와 길이 설정 : 앞길이 점에서 3~4cm 올린 점 (디자인에 따라 다양한 변화 적용 가능)

■ 적용치수

칼라 너비(프릴)
칼라 길이(프릴)

■ 제도설계 순서

① 직각 그리기(길이 적용)
② 칼라 너비 적용
③ 아래 칼라 너비 설정
④ 칼라 외곽선 그리기
⑤ 3~5cm 간격으로 절개
⑥ 기준선 $\frac{1}{2}$ 지점에서 1.5~2cm를 지나는 곡선을 그린다.

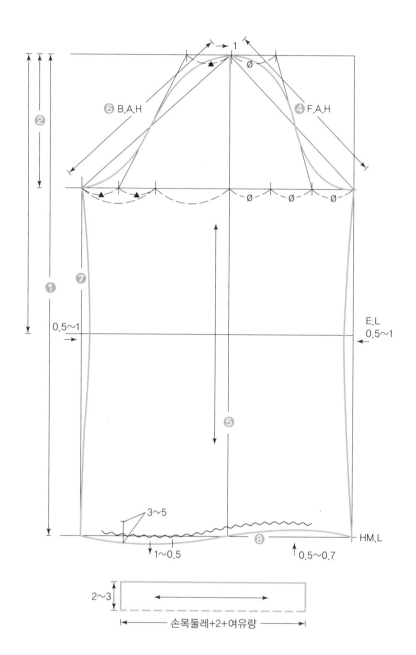

■ 적용치수

F.A.H : 22
B.A.H : 23
소매길이 : 58
손목둘레 : 20

■ 제도설계 순서

① 소매길이

② 소매산 : $\dfrac{A.H(F.A.H+B.A.H)}{3}$

③ $\dfrac{\text{팔꿈치선 소매길이}}{2}+3\sim4$

④ F.A.H : 22

⑤ 중심선 내려긋기

⑥ B.A.H : 23

⑦ 소매산 곡선 그리기

⑧ 소매밑단 그리기

참·고

심지 작업   플라켓(단자크)과 안칼라 커프스에 심지를 부착한다.

(1) 칼라와 프릴 제작

① 칼라의 겉과 안칼라를 합봉한다.(겉감 0.2cm 정도 여유)
② 프릴의 외곽선을 말아 박음(끝박음)으로 정리한다.

(2) 소매 커프스 제작

① 소매 밑단에 트임(슬릿)을 준다.(바이어스)
② 소매산에 잔홈질 또는 큰땀박음하여 적당량의 이즈(Ease)양을 잡는다.
③ 소매 옆선을 박고 갈라 다린 후 끝박음하여 정리한다.
④ 커프스를(개폐 가능) 만든다.
⑤ 만들어진 소매 밑단에 큰땀박음하여 셔링을 잡는다.
⑥ 소매 밑단과 커프스를 연결한다.

(3) 앞판 제작

① 앞판 덧단(플라켓)에 만들어진 프릴을 끼우고 박음질한다.
② 앞판 중심폭과 패널폭을 연결한 후 가름솔(모아서 오버로크) 처리한다.

(4) 뒤판 제작

중심라인과 패널라인을 박은 후 시접정리(가름솔 또는 모아서 오버로크)한다.

(5) 앞판과 뒤판 연결

① 앞판과 뒤판 어깨선, 옆선을 박은 후 가름솔(0.2 끝박음) 처리한다.
② 목선에 프릴을 끼우면서 칼라를 몸판과 연결한다.

(6) 몸판과 소매 연결

몸판과 만들어진 소매를 연결한 후 시접정리(바이어스)를 한다.

(7) 마무리(끝손질)

① 단춧구멍을 만든다.
② 실밥을 제거한 후 다림질로 형태를 잡으며 정리한다.
③ 단추를 단다.

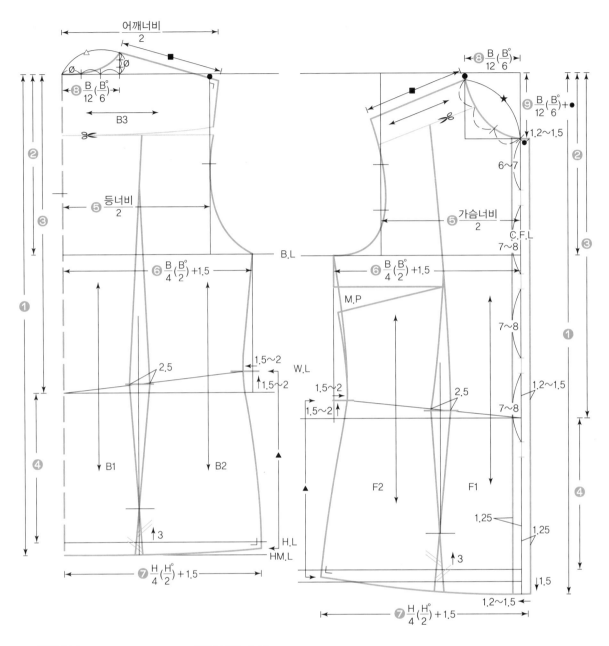

■ 적용치수

부위	약호	치수
어깨너비	S.W	37
등너비	B.W	35
등길이	B.L	37
상의길이	B.N.P.L	52
가슴너비	B.W	33
유두길이	B.R.L	24
앞길이	F.L	39.5
유두폭	B.P.W	18
가슴둘레	B.G	84
엉덩이둘레	H.G	92

■ 제도설계 순서

뒤판(Back)	앞판(Front)
❶ 상의길이	❶ 상의길이+차이치수
❷ 진동깊이(B.L)	❷ 진동깊이
❸ 등길이	❸ 앞길이(등길이+차이치수)
❹ 엉덩이길이(H.L)	❹ 엉덩이길이
❺ 등너비	❺ 가슴너비
❻ B.L의 품치수	❻ B.L의 품치수
❼ H.L의 품치수	❼ H.L의 품치수
❽ 목둘레	❽ 목둘레

■ 필요 측정치수(추정식)

B.N : 8.5(△)
F.N : 10.5(★)
낸단(여밈양) : 1.2(●)

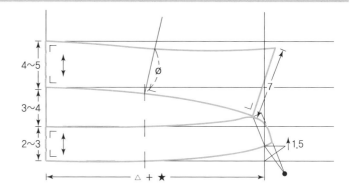

소매산의 높이를 ($\dfrac{A.H(F.H.B)}{3}$)

설정 후 2~3cm을 낮추어 제거해준다.
(셔츠 슬리브에서)

■ 필요 측정치수(추정식)

AH(F.A.H, B.A.H)
F.A.H : 22cm
B.A.H : 23cm
소매길이 : 58cm
손목둘레 : 18cm
커프스 너비 : 5cm

■ 제도설계 순서

❶ 소매길이−커프스 너비+여유량
   +1~1.5+(소매산의 커팅양) 2~3cm

❷ 소매산 : $\dfrac{A.H(F+B)}{3}$

❸ $\dfrac{\text{팔꿈치선 소매길이}}{2}$ +3~4

❹ F.A.H : 22

❺ B.A.H : 23

❻ 소매산 그리기

❼ 소매단둘레 설정

❽ 손목단둘레 치수 적용

❾ 밑단선 정리

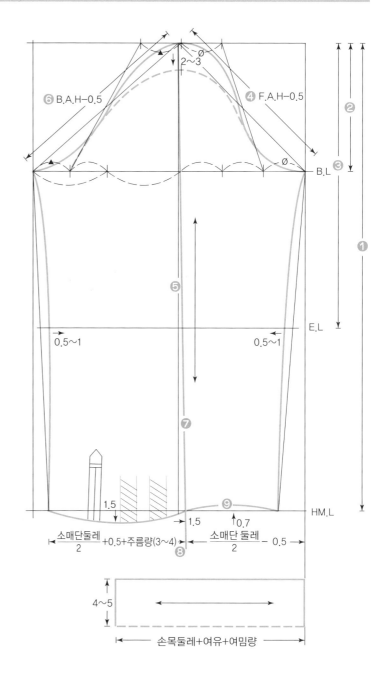

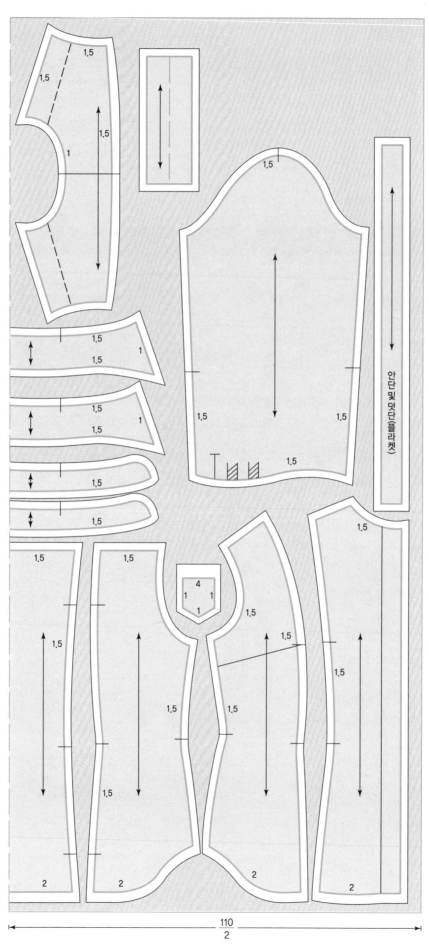

안단 및 덧단(플라켓)

110
2

참·고

심지 작업 　　　　겉칼라와 안밴드, 앞중심 플라켓, 커프스의 겉쪽에 심지를 부착한다.

(1) 칼라 제작

① 심지가 부착된 겉칼라와 안칼라를 합봉(겉칼라 여유분 : 0.2cm)한다.
② 만들어진 칼라와 목밴드를 연결한다.

(2) 소매 제작

① 커프스를 만든다. (심지를 커프스 겉안쪽에 붙인다.)
② 소매 밑단에 트임(밴드)을 만든다. (뾰족단)
③ 소매 밑단의 작은 주름을 고정시킨다.

(3) 앞판 제작

① 앞중심 플라켓을 만든 후 장식박음(상침)한다.
② 중심 폭과 사이드 폭을 연결한 후 시접은 모아서 정리(오버로크 또는 쌈솔)한다.
③ 요크를 연결한 후 요크 위쪽으로 시접을 두고 상침(장식)박음을 한다.

(4) 뒤판 제작

① 뒤판 프린세스라인을 박고 시접을 모아서 시접정리(모아서 오버로크)한다.
② 만들어진 몸판과 요크를 연결하여 시접을 정리한 후 상침(장식)박음한다.

(5) 앞판과 뒤판 연결 후 소매 달기

① 앞판과 뒤판 어깨선, 옆선을 연결한 후 시접정리한다.
② 어깨선 시접정리 후 소매를 연결하고 시접을 정리(오버로크 또는 쌈솔)한다.
③ 옆선을 소매끝까지 박은 후 시접을 정리(오버로크 또는 쌈솔)한다.
④ 커프스를 소매와 연결한다.

(6) 몸판과 칼라 연결

① 몸판의 목선과 칼라의 목선을 맞추어 연결한다.
② 연결된 목선 시접을 정리하고 완성선대로 시침 후 0.2cm 너비로 상침박음한다.
③ 밑단을 완성선대로 시침 후 박음질(0.5~1cm)한다.

(7) 마무리(끝손질)

① 단춧구멍을 기계로 만든다. 이때 단추구멍은 덧단(플라켓)중심선에 세로로 설정한다.

② 실밥을 제거한 후 다림질로 형태를 잡는다.

③ 단추 위치에 단추를 단다.(앞단의 두께만큼 실기둥을 세워서 단추를 단다.)

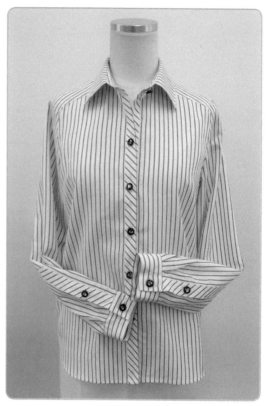

완성된 앞판의 형태

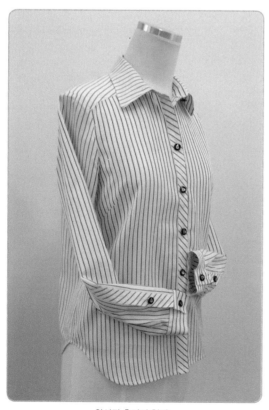

완성된 측면의 형태

완성된 뒤판의 형태

INDUSTRIAL ENGINEER FASHION DESIGN

CHAPTER

08

스커트

Skirt

Skirt 스커트(Skirt)는 여성복으로서 하반신을 감싸주는 대표적인 의복이다. 일반적으로 연령에 구애받지 않고 착용할 수 있는 의복으로 가장 오랜 역사를 가지고 있다.

스커트는 영어로 'Skirt', 프랑스어로 'Jupe', 일본어로 '요의(허리부터 하반신을 감싸주는 의복)' 등 여러 가지 명칭이 있지만, 현재는 스커트(Skirt)라는 용어로 통용되고 있다. 스커트의 명칭은 형태에 따라 타이트 스커트(Tight Skirt), 플리츠 스커트(Pleats Skirt), 플레어 스커트(Flared Skirt), 페크톱 스커트(Peg-top Skirt) 등으로 불린다.

타이트
스커트
TIGHT SKIRT

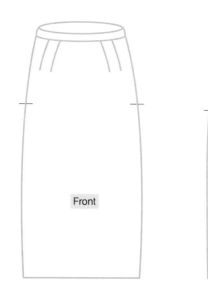

Front   Back

■ 스커트 제도설계 시 필요한 치수(측정산출법)

부위	약호	치수
허리둘레	W	68cm
엉덩이둘레	H	92cm
엉덩이길이	H.L	18~20cm
스커트길이	S.L	60cm

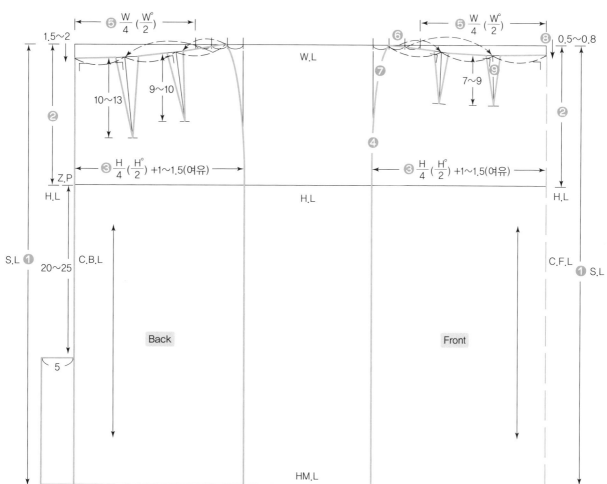

패턴의 여유량 : 패턴이 몸에 꼭 맞게 설계되었는지 혹은 여유를 가지고 설계되었는지에 따라 태가 다르며, 패턴의 여유량은 디자인, 유행, 계절, 소재 혹은 개성에 따라 증감할 수 있다.

① **한 방향(일방향) 배치** : 능직이나 수자직 등 직조가 뚜렷하게 나타나는 직물이나 편성물, 벨벳, 골덴 등 비교적 고품질인 경우 패턴을 한 방향으로 배치하는 방법을 적용하고 있다. 마커 효율성이 적고 작업시간이 많이 소요된다.

② **양방향 배치** : 옷감이 단색이며 결이 잘 구분이 되지 않는 직물 또는 평직으로 짜인 옷감으로 고품질의 옷감이 아닌 경우 가장 많이 이용되는 배치방법이다. 효율성은 한 방향보다 높고 생산성이 높아 생산비를 절감할 수 있다.

③ **표면대향 배치** : 옷감의 결이나 문양 등 같은 방향으로 재단해야 하는 경우에 사용되며, 효율성은 한 방향 배치보다 크나 인력소모가 가장 큰 재단방법이다.

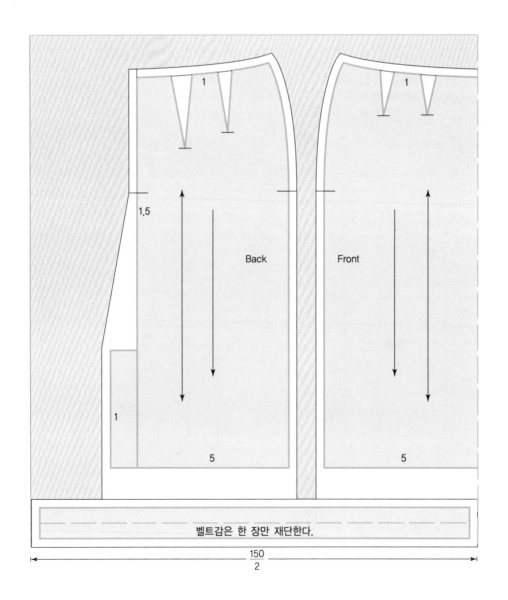

■ **안감 재단**

① 안감은 완성선에서 0.2~0.3cm 정도 여유를 두고 표시한다.(송곳, 룰렛, 페이퍼지를 사용)

② 안감은 얇고 부드러우며 드레이프 성이 좋아 움직임이 심하므로 패턴 배치 후 그린 페이퍼를 이용하여 송곳이나 룰렛을 사용하여 표시한다.

③ 표시가 완료된 후에 재단하여 치수의 오차나 변형을 최소화하도록 한다.

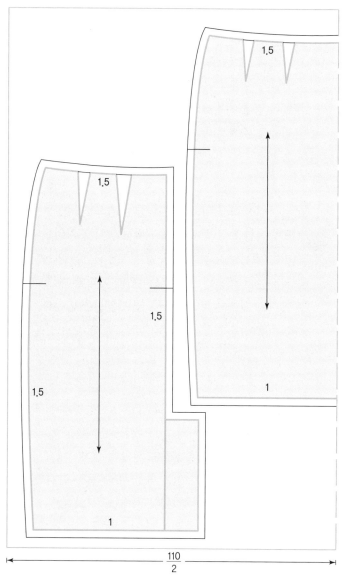

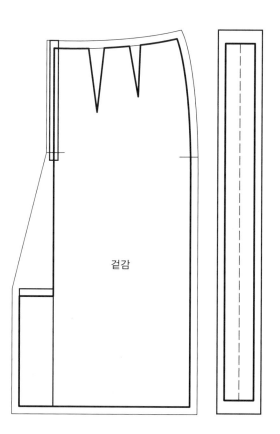

겉감

■ **심지 작업**

① 지퍼 위치(콘실)에 1cm 위아래로 여유 있게 식서 테이프를 부착(좌우 양쪽 모두)한다.

② 뒤트임 위치에 위아래로 1cm가량 여유를 두고 심지를 부착한다.

(1) 안감 제작

① 앞판은 다트 박고 시접을 중심 쪽으로 모아 다린다.

② 뒤판은 지퍼자리와 트임, 위치를 남기고 중심선을 박는다.

③ 안감의 앞판과 뒤판을 겉과 겉끼리 마주 놓고 양옆선을 박는다.(각각 0.2~0.5cm까지 여유를 두고 박는다.)

④ 안감 양옆 시접을 모아 오버로크한다.

⑤ 밑단을 완성선대로 접고 다시 1.5~2cm 너비로 접어 올린 후 0.2cm 길이로 끝박음 처리한다.

(2) 겉감 제작

① 앞판에 다트를 박고 시접을 중심 쪽으로 모아 다린다.(다트 끝점 되박음 없이 묶어 처리)

② 뒷중심선 트임 위치와 지퍼 위치를 심지 작업한다.

③ 지퍼 위치와 트임 위치를 남기고 중심선을 박는다.

④ 디자인에 적합한 지퍼를 선택하여 지퍼를 단다.

⑤ 앞판과 뒤판의 겉면을 마주 놓고 옆선을 박는다.(시접처리, 오버로크)

⑥ 옆선 시접을 가름솔로 잘라 다린 후, 안감과 합봉한다.

(3) 벨트 제작

① 준비된 벨트감으로 벨트를 만들어 합복된 스커트 허리에 연결한다.(이때 허리선 위치를 정확히 맞춘다.)

② 스커트 밑단을 바이어스 처리한 후 트임을 정리한다.(완성된 바이어스 너비 0.4~0.5cm)

③ 밑단을 감침(공그르기)하고 실밥을 제거한다.

④ 밑단 옆선에 사슬뜨기(3~5cm 길이)하여 안감과 겉감을 고정한다.

⑤ 실밥을 제거하고, 다림질로 형태를 다듬는다.

⑥ 스커트 허리 뒤에 훅을 단다.

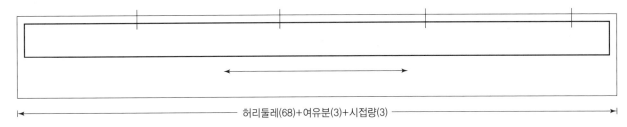

허리둘레(68)+여유분(3)+시접량(3)

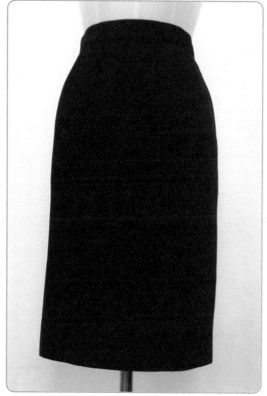

완성된 앞판의 형태

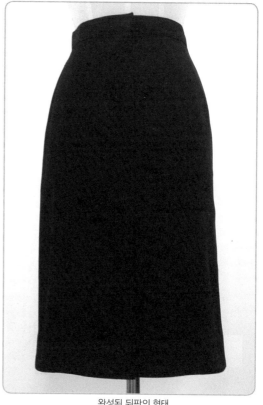

완성된 뒤판의 형태

① 타이트 스커트를 먼저 제도설계한다.

② 앞판, 뒤판, 옆선의 HM.L에서 1~1.5cm를 안으로 선을 그어 페그톱 실루엣으로 정한다.

③ 설계된 스커트에 앞·뒷중심선, 다트선 그리고 옆선을 각각 5~6cm 정도 수직으로 올려 그린다.
　　다트선과 옆선에서 각각 0.2cm씩 여유를 둔다.

④ 앞중심선의 여밈량과 플라켓 분량을 설정한다.

⑤ 앞판 포켓과 뒤판 W.L 위치에 탭(Tab) 위치를 설정한다.(Tab은 다트양을 포함(M.P 사용 안 함))

⑥ 디자인과 적합한 단추 위치를 설정한다.

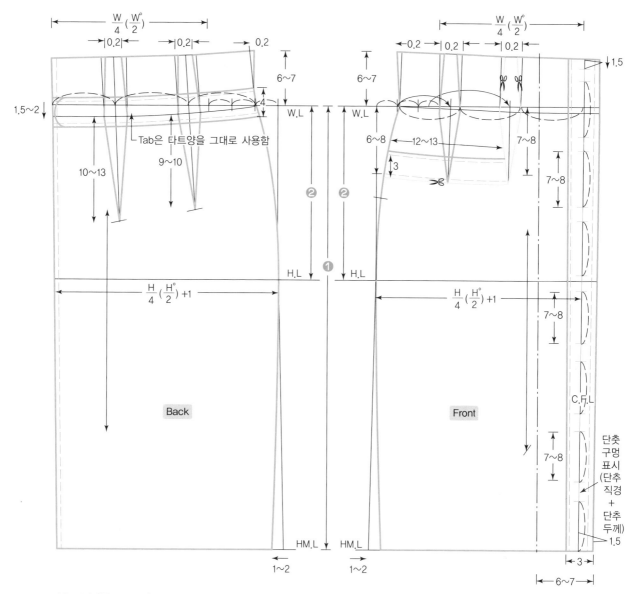

■ **적용치수(측정산출)**

부위	약호	치수	부위	약호	치수
허리둘레	W	68cm	엉덩이길이	H.L	18~20cm
엉덩이둘레	H	92cm	스커트길이	S.K.L	60cm

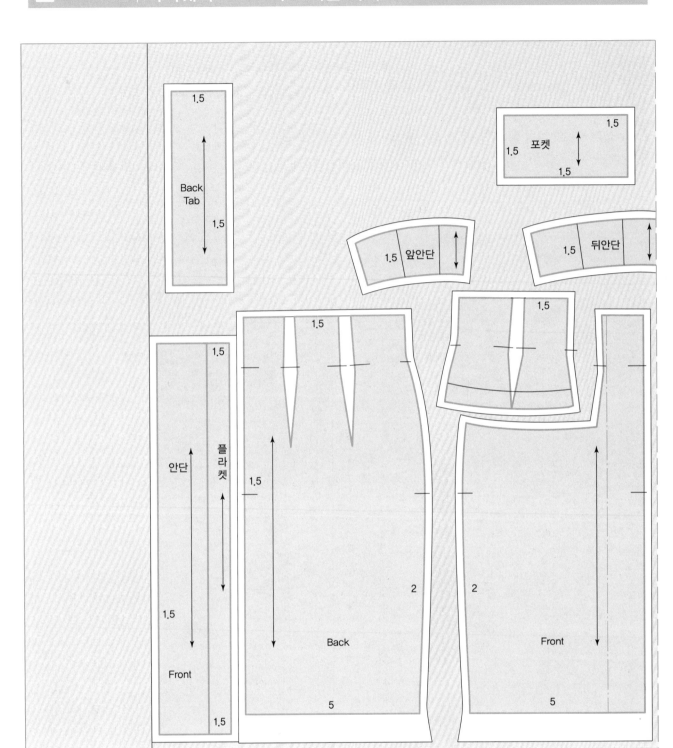

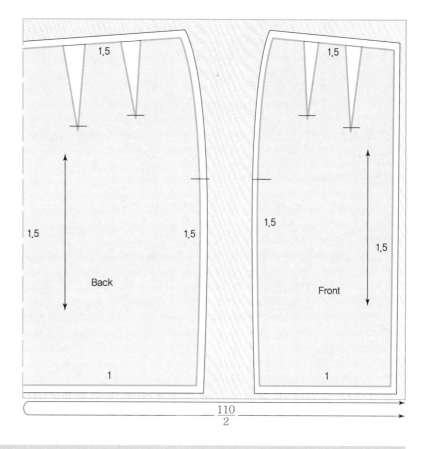

① 안감은 완성선에서 0.2~
0.5cm 여유를 두고 마킹
한다.
② 패턴을 마킹하고 뒷면에
표시한 다음 재단한다.

SECTION 04 | 하이웨이스트 스커트 심지 부착 및 테이핑 작업

앞판, 뒤판 모두 허리선은 심지 처리한다.

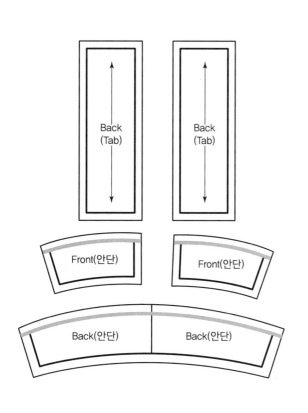

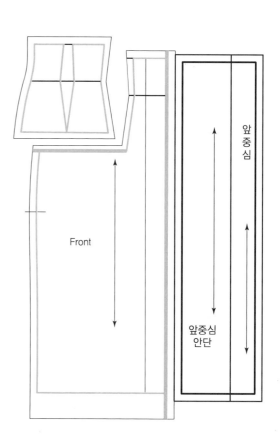

(1) 겉감 앞판 제작

① 앞판 포켓(웰트)을 만들어 끼우고 다트를 박는다.(포켓 너비 3cm)
② 앞중심선에 플라켓을 박고 중심 쪽으로 시접을 모은 후 장식박음을 한다.(플라켓과 안단을 연결하여 재단)

(2) 겉감 뒤판 제작

① 탭(Tab)을 만들어서 장식박음한다.(탭 너비 4cm)
② 다트를 박고 중심 쪽으로 모아 중심선을 박은 후 왼쪽에서 시접을 두고 장식박음한다.
③ 뒤판 허리 위치에 탭(Tab)을 올려 놓고 시침 후 앞판과 옆선을 박음한다.
④ 밑단 시접을 바이어스 정리 후 접어 올려 시침 고정한 후 감침(공그르기)을 한다.

(3) 안감 제작

① 앞판 안감의 다트를 박고 허리 안단과 연결한다.
② 뒤판 안감의 다트를 박고 허리 안단을 연결한다.
③ 앞판과 뒤판의 옆선을 여유(0.3~0.5cm)를 두고 박음한다.
④ 밑단 시접은 완성선을 접고 다시 1.5~2cm 접어 올린 후 0.2cm 끝박음을 한다.
⑤ 앞중심선의 안단을 안감과 연결한다.

(4) 겉감과 안감 합봉

① 겉감 앞중심선을 시접 쪽으로 0.2cm 여유를 주고 안단 완성선과 맞추어 박는다.
② 허리선 겉감을 시접 쪽으로 0.2cm 여유를 주고 안단 완성선과 맞추어 박는다.
③ 시접을 정리 후 시접과 안단을 0.2cm 눌러 박음한다.
④ 앞중심 밑단의 안단 부분을 박고 형태를 잡은 후 단춧구멍을 세로로 버튼홀스티치로 정리한다.(단춧구멍 크기 2cm)
⑤ 바이어스된 밑단은 감침(공그르기)을 한 후 양 옆선 밑단에 안감과 실루프로 3~5cm의 길이로 고정한다.
⑥ 시침실과 실표뜨기를 제거한 후 다림질로 형태를 잡는다.
⑦ 앞중심선 장식박음을 한 후 단추 위치에 단추를 단다.(장식박음 간격 0.5cm)

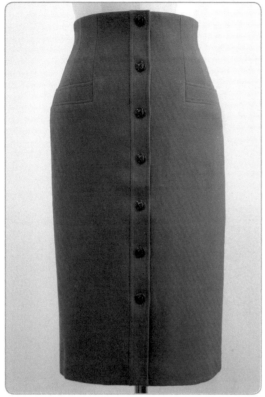

완성된 앞판의 형태

포켓 확대도

앞판 허리 위치 확대도

뒤판 탭(Tab) 확대도

완성된 뒤판의 형태

① 세미타이트 스커트를 먼저 제도설계한다.

② 요크선을 W.L에서 4cm 정도 아래 위치에 설정한다.

③ H.L에서 3cm 정도 위의 위치에서 플리츠 절개선을 설정한다.

④ 플리츠 절개선과 밑단을 각각 삼등분하여 직선을 연결한다.

⑤ 디자인과 적합하도록 플리츠선을 설정, 주름량을 각각 8cm 정도 벌려준다.

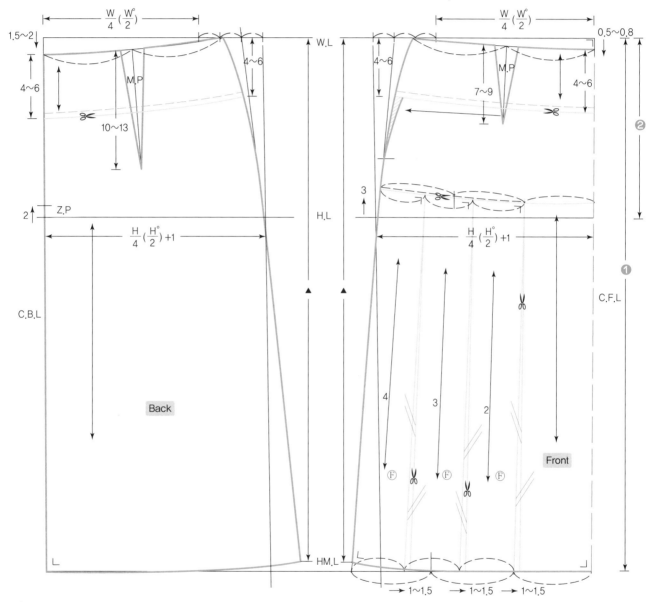

■ **적용치수(측정산출)**

부위	약호	치수	부위	약호	치수
허리둘레	W	64cm	엉덩이길이	H.L	18~20cm
엉덩이둘레	H	92cm	스커트길이	S.K.L	60cm

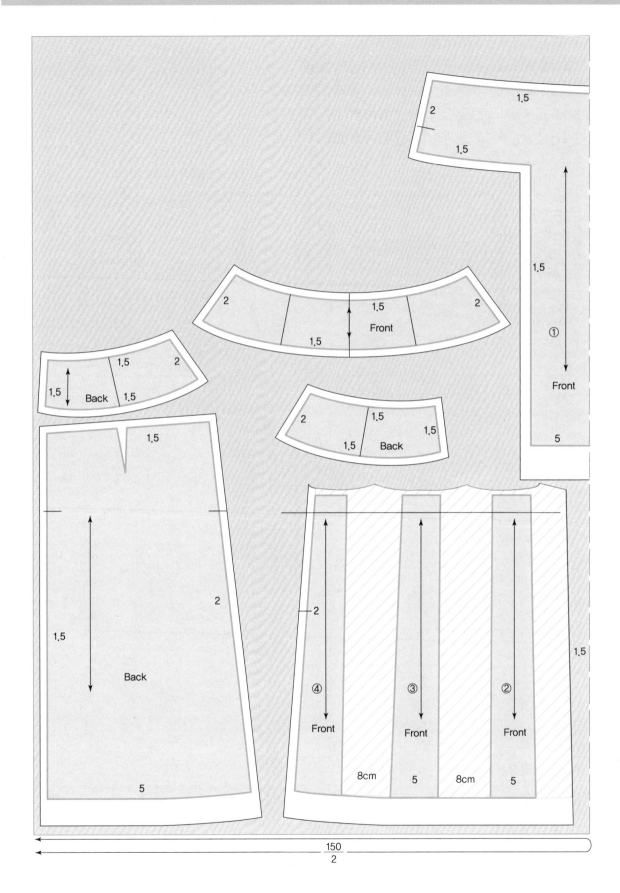

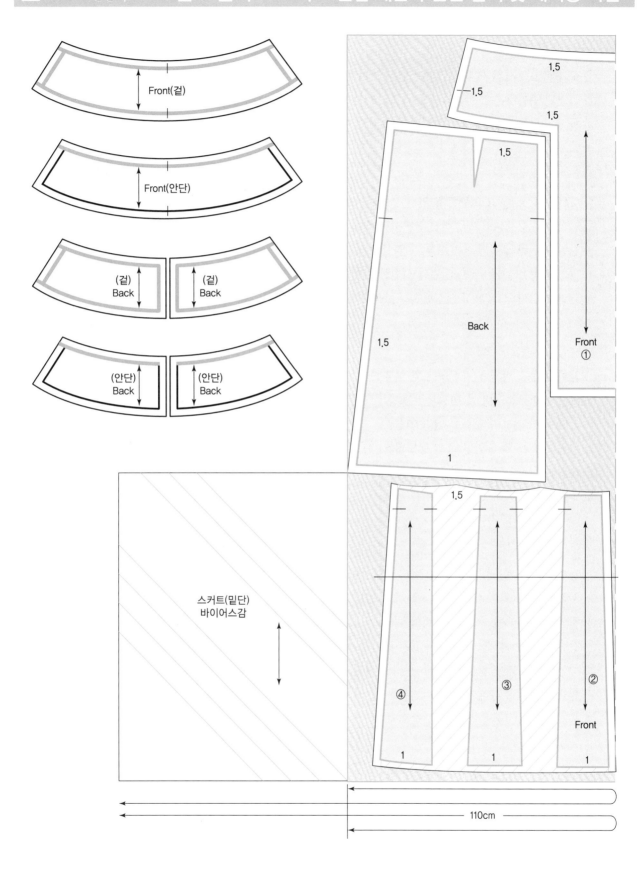
Front(겉)

Front(안단)

(겉)
Back

(겉)
Back

(안단)
Back

(안단)
Back

1.5

1.5

1.5

1.5

Back

1.5

Front
①

1

스커트(밑단)
바이어스감

1.5

④

③

②

Front

1

1

1

110cm

(1) 겉감 앞판 제작

① 주름부분을 시침 후 다림질하여 원판 스커트와 연결한다.(중심폭 주름을 뺄 수도 있다.)
② 연결된 주름부분의 시접을 위로 두고 장식박음(0.2~0.5cm)을 한다.
③ 몸판 스커트와 요크 밴드를 연결한 후 요크 밴드에 장식박음한다.

(2) 겉감 뒤판 제작

① 다트를 박은 후 요크 밴드를 연결, 시접은 요크 밴드 쪽으로 두고 장식박음(0.2~0.5cm)한다.
② 지퍼부분을 제외하고 중심선을 박고 시접을 가른 후 지퍼(콘실)를 단다.
③ 앞판과 뒤판의 겉면을 마주 놓고 옆선을 박음한다.
④ 옆선 시접을 갈라 다린 후 밑단 시접을 바이어스로 정리한다.
⑤ 밑단을 접어 올려 고정 시침한 후 감침(공그르기)을 한다.

(3) 안감 제작

① 앞판 주름을 잡고 원판 스커트와 연결한 후 시접을 모아서 다림질한다.
② 주름 연결부분 시접을 위로 올리고 눌러 박음(0.2~0.5cm)한다.
③ 안단 요크 밴드와 안감을 연결한다.
④ 뒤판 다트를 박고 안단 요크 밴드와 연결한다.
⑤ 앞판과 뒤판의 겉면을 마주 놓고 옆선을 여유(0.3~0.5cm) 있게 박음한다.
⑥ 밑단을 완성선대로 접고 다시 1.5~2cm 접어 올린 후 0.2cm 길이로 끝박음한다.

(4) 겉감과 안감 합봉

① 겉감의 허리선을 0.2cm 정도 겉감 쪽에 여유를 두고 안단의 허리선 완성선을 맞추어 박는다.
② 시접을 정리 후 시접과 안단을 눌러 박음한다.
③ 허리선의 형태를 잡은 후 장식박음(0.2~0.5cm)을 한다.
④ 밑단과 지퍼 위치를 시침하여 감침(공그르기)한다.
⑤ 밑단의 겉감과 안단을 3~5cm 길이로 사슬뜨기(실루프)하여 연결고정한다.
⑥ 실표와 시침실을 제거한 후 다림질로 형태를 잡는다.
⑦ 훅(걸고리)을 단다.

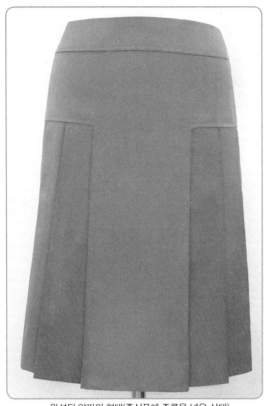

완성된 앞판의 형태(중심폭에 주름을 넣은 상태)

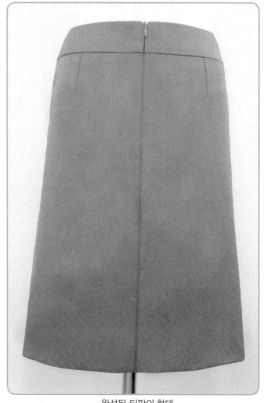

완성된 뒤판의 형태

머메이드
스커트

MERMAID SKIRT

마름질(재단)되어 지급된 겉감을 부위별로 적당한 양의 시접을 두고 재정리한다.

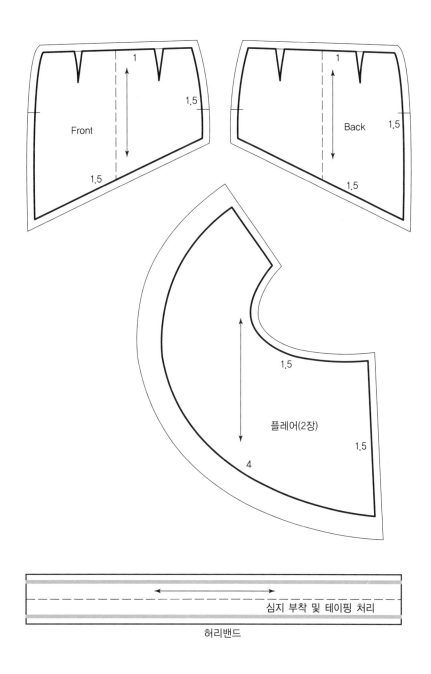

재단된 겉감을 안감 위에 놓고 표시하거나 실표뜨기로 표시한다.

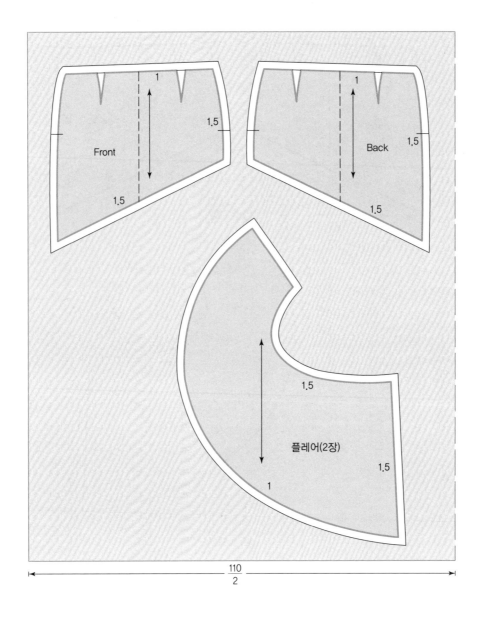

① 허리 밴드에 심지를 부착한다.
② 지퍼 위치, 몸판(사선) 절개 부위를 테이핑 처리한다.

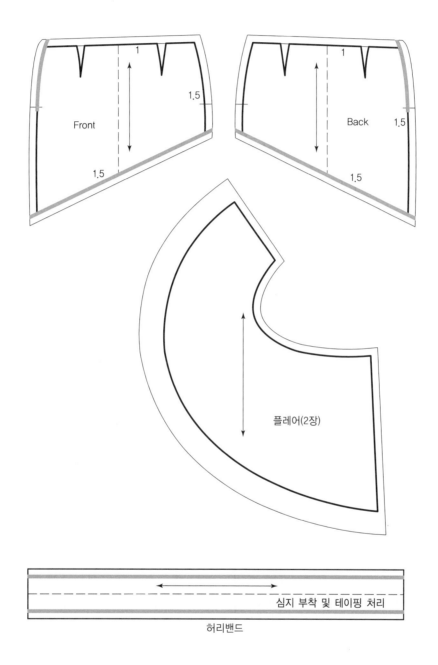

(1) 겉감 제작

① 앞판은 다트를 박고 플레어 부분을 연결한 후 시접을 위로 두고 다린다.

② 뒤판은 다트를 박고 플레어 부분과 연결한 후 시접을 위로 두고 다린다.

③ 앞판과 뒤판의 옆선을 지퍼 달 부분을 남기고 박은 후 왼쪽에 지퍼를 단다.

④ 밑단은 플레어 양을 적당히 조절한 후 바이어스로 싸준다.

(2) 안감 제작

① 앞판은 다트를 박고 플레어 부분을 연결한 후 시접을 위로 두고 다린다.

② 뒤판은 다트를 박고 플레어 부분을 연결한 후 시접을 위로 두고 다린다.

③ 옆선의 지퍼(왼쪽) 부분을 남겨 놓고 박음질한 다음 시접은 뒤쪽으로 넘겨 다린다.

(3) 벨트 제작

벨트감에 심지를 부착하여 만든다.

(4) 겉감과 안감 합봉

① 겉감과 안감을 허리선에서 고정한 후 벨트를 달고 밑단 공그르기를 한다.

② 겉감과 안감의 옆선을 사슬뜨기(실루프)로 4~5cm 길이로 연결한다.

(5) 마무리(끝손질)

① 실표뜨기를 제거한 후 다림질로 형태를 완성한다.

② 훅을 단다.

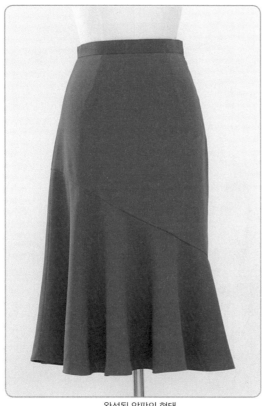

완성된 앞판의 형태

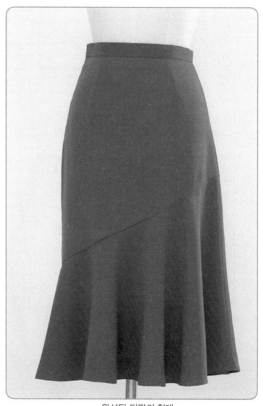

완성된 뒤판의 형태

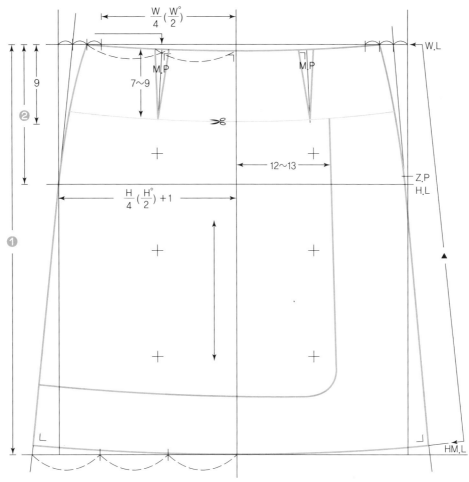

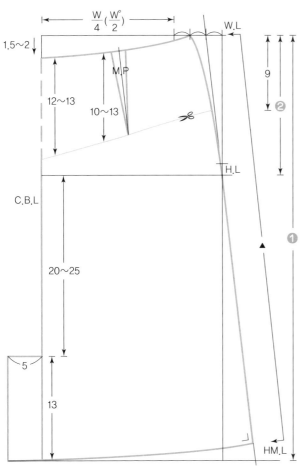

■ **적용치수(측정산출)**

부위	약호	치수
허리둘레	W	68
엉덩이길이	H.L	18
엉덩이둘레	H	92
스커트길이	S.L	55

■ **제도설계 순서**

① 먼저 타이트 스커트를 제도설계한다.

② 제도설계된 타이트 스커트를 전면으로 펼친다.(앞판)

③ 펼쳐진 스커트에서 패널을 그린다.

④ 요크선은 다트 끝선을 지나도록 선을 긋는다.

⑤ 패널의 위치는 요크선의 옆선으로 $\frac{2}{3}$ 만큼 한다. 패널 길이는 밑단에서 7cm 정도 올라간 지점으로 한다.

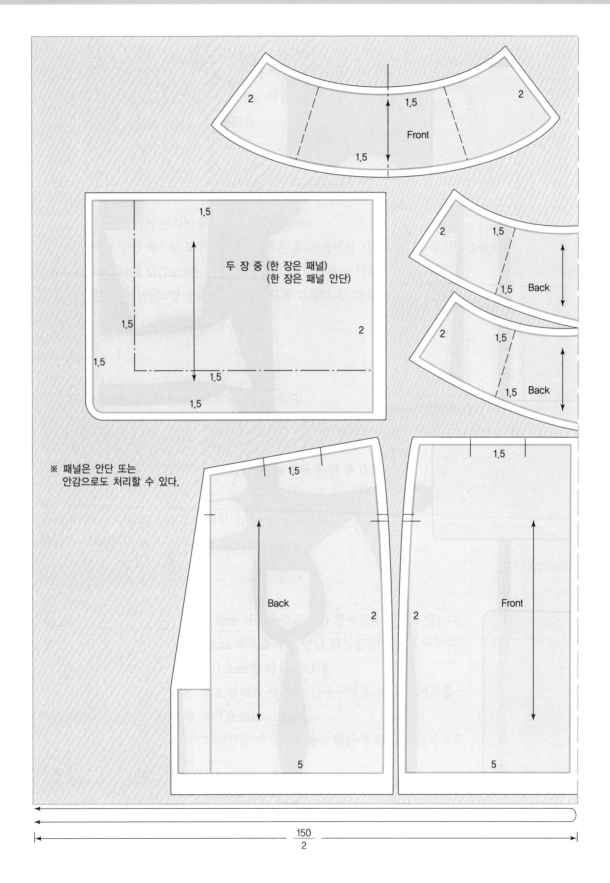

두 장 중 (한 장은 패널)
(한 장은 패널 안단)

Front

Back

Back

Back

Front

※ 패널은 안단 또는
안감으로도 처리할 수 있다.

150
2

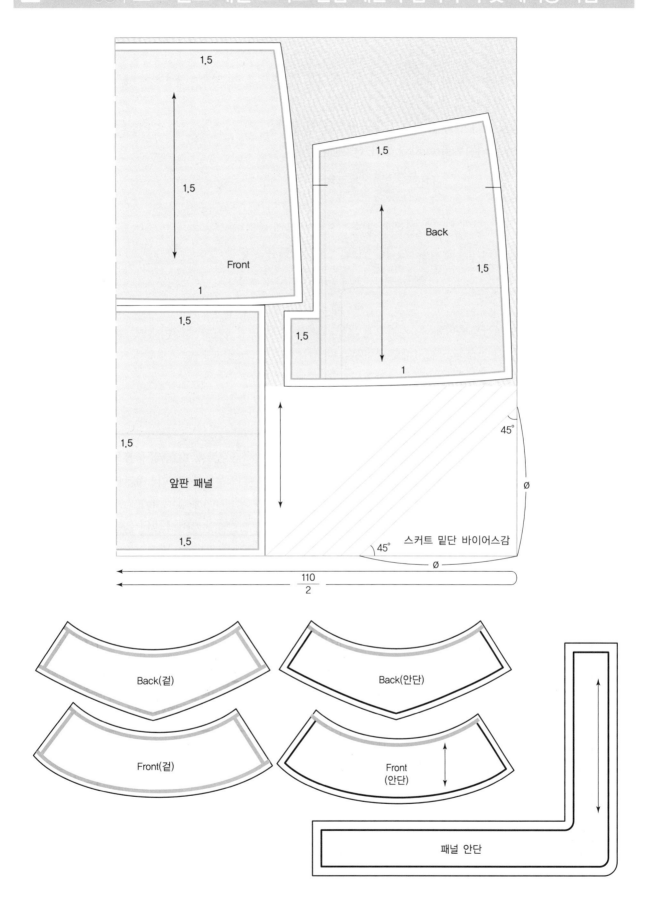

(1) 앞판 겉감 제작

① 앞판 패널은 안감을 넣고 박음질 후 뒤집어 형태를 잡는다.(또는 안단을 사용하여 제작 가능)

② 형태를 잡은 패널에 장식박음(0.5cm)을 한다.

③ 완성된 패널을 앞판 겉에 올려놓고 요크 밴드를 연결한다.

④ 요크 밴드 시접을 위로 두고 다린 후 장식박음한다.

(2) 뒤판 겉감 제작

① 뒷중심선을 박고 트임시접은 입었을 때 왼쪽으로 향하게 다린다.

② 요크 밴드와 스커트를 연결 후 시접을 위로 두고 장식박음을 한다.

(3) 앞판과 뒤판 연결

① 앞판과 뒤판의 겉을 마주 놓고 지퍼부분만 남기고 박는다.(패널 시접은 앞판·뒤판 시접과 끼워 박는다.)

② 지퍼는 착용 시 왼쪽에 콘실지퍼로 달아준다.

③ 밑단 시접은 바이어스로 정리한 후 감침(공그르기)을 한다.

(4) 안감 제작

① 앞판 요크 밴드와 안감을 박음질하여 연결한다.

② 뒤판 요크 밴드와 안감을 박음질하여 연결한다.

③ 안감의 앞판과 뒤판의 겉을 마주 놓고 옆선을 여유 있게(0.2~0.5cm) 박음질한다.

④ 밑단을 완성선대로 접고 다시 1.5~2cm를 접어 올린 후 0.1~0.2cm 길이로 끝박음을 한다.

(5) 겉감과 안감 합봉

① 겉감은 허리선 완성선에서 0.2cm 정도 여유 있게 박음으로써 봉제선이 보이지 않도록 처리한다.

② 시접을 정리 후 시접과 안단을 0.2cm 눌러 박음한다.

③ 허리선의 형태를 잡은 후 장식박음(아웃스티치) 한다.

④ 밑단과 지퍼 위치를 감침(공그르기)한다.

⑤ 겉감, 안감을 밑단 옆선에서 3~5cm 길이의 실루프로 연결한다.

⑥ 시침실과 실표뜨기 실을 제거한 후 다림질로 형태를 잡는다.

⑦ 단추와 훅(걸고리)을 단다.

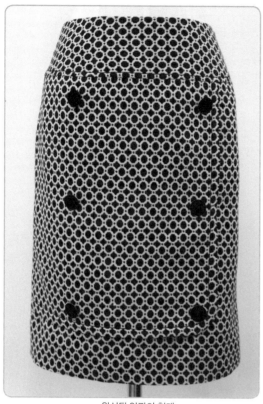

완성된 앞판의 형태

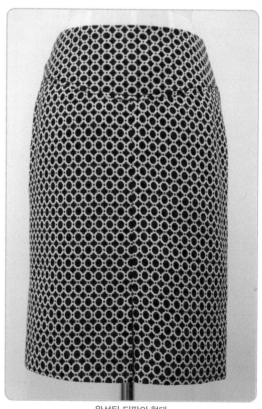

완성된 뒤판의 형태

INDUSTRIAL ENGINEER FASHION DESIGN

FASHION
DESIGN

09

팬츠
Pants & Slacks

Pants 팬츠(Pants)는 하반신의 양 다리를 각각 감싸주는 의복이며 슬랙스(Slacks)라고도 한다. 다리의 움직임이 자유로워 활동성과 기능성이 높은 대표적인 의복이다. 팬츠는 남성의복으로 긴 역사를 가지고 있으며, 여성의복으로 자리매김한 것은 20세기 초로 여성들의 활동이 활발해지기 시작하면서 대중화되었다.

팬츠는 각 나라별로 여러 가지 명칭으로 사용되었다. 미국은 판타롱(Pantaloon)의 약칭인 팬츠(Pants)라 불렀고, 영국에서는 트라우저(Trousers) 또는 슬랙스(Slacks)라고 칭하였으며 프랑스에서는 판타롱(Pantalon), 일본에서는 즈봉이라는 용어로 사용하였다. 팬츠는 형태에 따라 스트레이트 팬츠(Straight Pants), 테일러드 팬츠(Tailored Pants), 시가렛 팬츠(Cigarette Pants)를 기본으로 팬츠길이와 너비 등 다양한 디자인으로 전개되어 활용하고 있다.

슬림
팬츠
SLIM PANTS

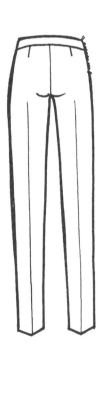

슬림 팬츠(Slim Pants)는 적당하게 몸에 피트되며 아래 밑단을 향해 좁아지는 실루엣으로 활동적이고 경쾌함을 느끼게 한다. 스트레이트 팬츠(Straight Pants)보다 몸에 밀착되는 가느다란 실루엣으로 시가렛 팬츠(Cigarette Pants)라고도 한다.

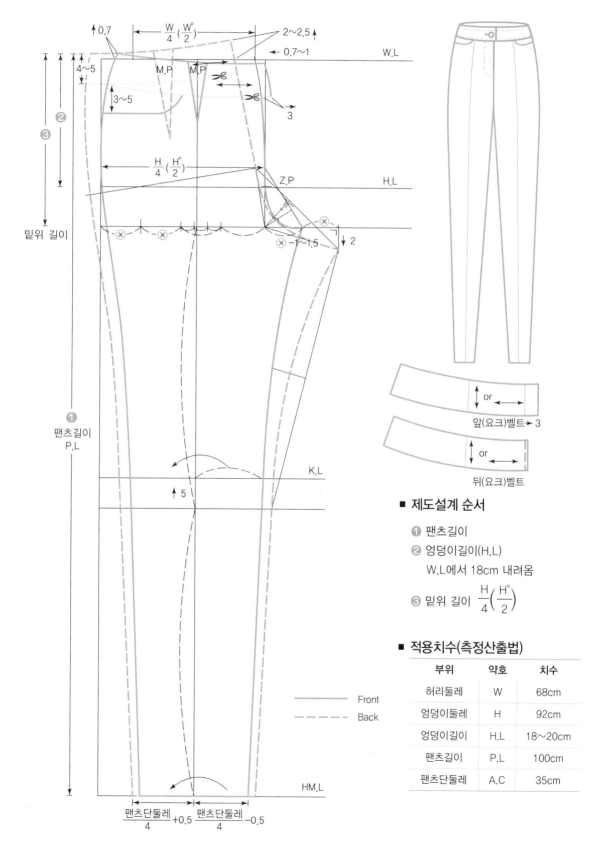

■ 제도설계 순서

❶ 팬츠길이

❷ 엉덩이길이(H.L)

　　W.L에서 18cm 내려옴

❸ 밑위 길이 $\dfrac{H}{4}\left(\dfrac{H°}{2}\right)$

■ 적용치수(측정산출법)

부위	약호	치수
허리둘레	W	68cm
엉덩이둘레	H	92cm
엉덩이길이	H.L	18~20cm
팬츠길이	P.L	100cm
팬츠단둘레	A.C	35cm

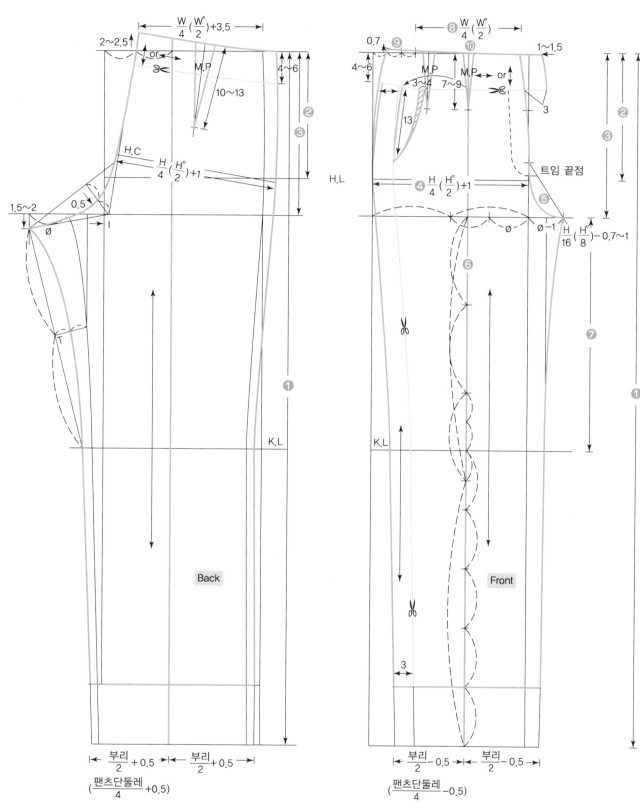

■ 제도설계 순서 및 적용치수

① 팬츠길이 : 102(92)

② 엉덩이길이 : 18~20cm 내려줌

③ 밑위 길이 : $\dfrac{H}{4}\left(\dfrac{H°}{2}\right)+1$ (24cm)

④ 엉덩이둘레 : $\dfrac{H}{4}\left(\dfrac{H°}{2}\right)+1\sim1.5$ (92cm)

⑤ 밑(샅) : $ø-1$ or $\dfrac{H}{16}\left(\dfrac{H°}{8}\right)-0.7\sim1$

⑥ 중심선 설정

⑦ 무릎선(K.L) 설정

⑧ 허리치수 적용

⑨ 옆선 정리

⑩ 다트 그리기

테크니컬 의복제작

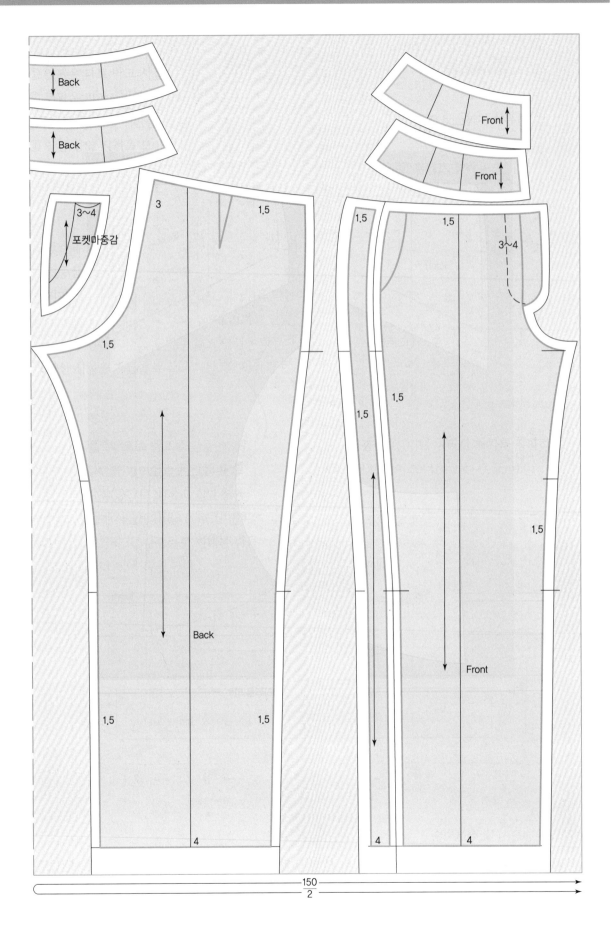

Back

Back

3~4

포켓마중감

3

1.5

1.5

1.5

1.5

1.5

1.5

3~4

Front

Front

1.5

1.5

1.5

Back

Front

1.5

1.5

4

4

4

$$\frac{150}{2}$$

(1) 앞판 제작

① **포켓 제작** : 앞판 포켓 입구를 테이핑한 후 겉감과 포켓 안단을 마주 놓고 0.2cm 길이로 박음질한다.

② 시접 정리 후 포켓 안단과 시접을 0.2cm 눌러 박음질한다.

③ 포켓 입구에 장식스티치(0.5cm)를 한다.

④ 주머니 속감을 뒤집어서 0.7cm 내박는다.

⑤ 다시 뒤집어서 포켓 입구가 마중감과 정확히 맞도록 하여 주머니 속감을 통솔로 마무리 박음질한다.

⑥ 앞중심 폭과 사이드 폭을 연결한 후 시접을 쌈솔 처리하여 뒤쪽으로 모아 놓고 아웃스티치(장식박음 0.5cm)를 한다.

(2) 뒤판 제작

① 다트를 박고 다트를 중심 쪽으로 다림질한다.

② 포켓 위치에 사방 1cm 정도 크게 심지(힘천)를 붙인다.

③ 준비된 입술 포켓감과 마중감의 겉과 겉을 마주 놓고 박는다.

④ 뒤판 포켓은 한쪽 입술 1.5cm 너비의 장식포켓으로 제작한다.

⑤ 입술 위치에 마중감을 놓고 장식포켓으로 마무리 박음한다.

(3) 앞판과 뒤판 연결

① 앞판, 뒤판의 옆선과 안가랑이선을 끝박음하여 가름솔로 처리하여 갈라 다림질한다.

② 지퍼 자리만 남기고 밑위를 박아 갈라 다림질한다.

③ 앞플라이 위에 지퍼를 시침 후 왼쪽 지퍼 위치 완성선에서 0.3~0.5cm 시접 쪽에 맞추어 박는다.

④ 오른쪽 완성선대로 시접을 다림질한 후 왼쪽 완성선에 맞추어 올려 놓고 시침한다.

⑤ 안쪽에서 오른쪽 시접과 지퍼를 먼저 박는다.

⑥ 앞중심 지퍼 위치에 겉에서 2.5~3cm 폭의 지퍼장식선을 상침한다.

왼쪽 완성선에서 0.3~0.5cm 나온 선에 코단 박기 고정

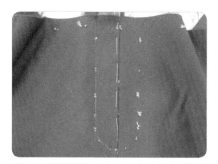

왼쪽과 오른쪽 완성선 시침 후 지퍼 장식선을 박은 상태

(4) 요크 밴드(벨트) 정리

① 요크 밴드의 앞판과 뒤판을 연결한다.

② 연결된 요크 밴드와 몸판(엉덩이 아랫 부분)을 연결한다.

③ 요크 밴드 겉감을 여유 있게 요크 밴드의 안단 완성선과 마주 놓고 박음질한다.

④ 시접을 정리한 후 시접과 안단을 0.2cm 눌러 박음한다.

⑤ 요크 밴드 안단을 정리한 후 장식박음(0.2~0.5cm)을 한다.

⑥ 단춧구멍을 버튼홀스티치(2.5cm 길이)로 정리한다.

겉감의 요크 밴드 앞판, 뒤판을 연결한 상태

(5) 밑단 정리

① 밑단은 일정하게 접어올려 꺾어 다림질한다.

② 접어 올린 밑단을 끝박음하여 새발뜨기로 정리한다.

(6) 마무리(끝손질)

① 실표뜨기나 시침실을 제거한 후 다림질로 형태를 잡는다.

② 지퍼를 잠그고 단추 위치를 표시한 곳에 단추를 단다.

완성된 앞판의 형태

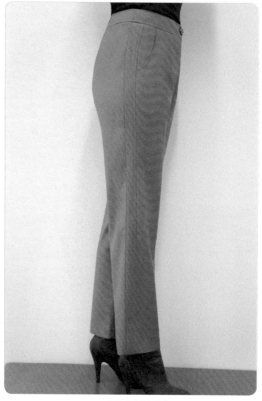

측면에서 본 형태

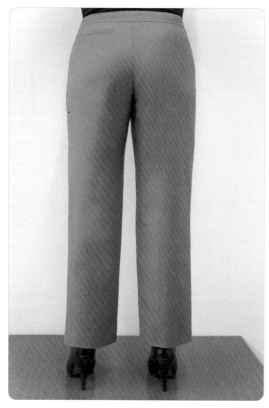

완성된 뒤판의 형태

페그톱 팬츠(Peg-Top Pants)는 엉덩이 부분에 가벼운 볼륨감을 준 팬츠로 팽이 모양과 같다 하여 이처럼 불린다.

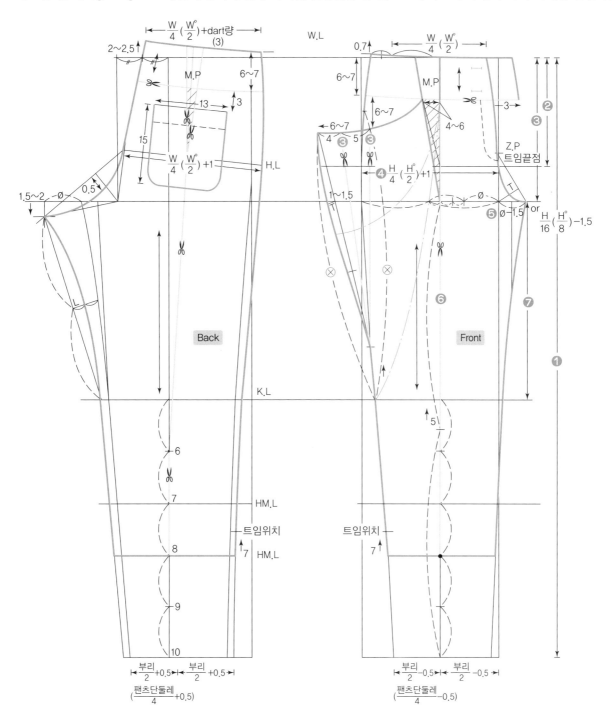

■ **적용치수(측정산출)**

부위	약호	치수	부위	약호	치수	부위	약호	치수
허리둘레	W	74cm	밑위길이	C.D	22cm	팬츠길이	P.L	80cm
엉덩이둘레	H	92cm	바지밑단둘레	N.M.L	17(34)cm			

팬츠의 원래 길이를 설정 후 무릎선(K.L) 밑에서 다섯 등분하여 6~10부까지 표기하여 6부, 7부 또는 9부까지 길이를 설정토록 한다.

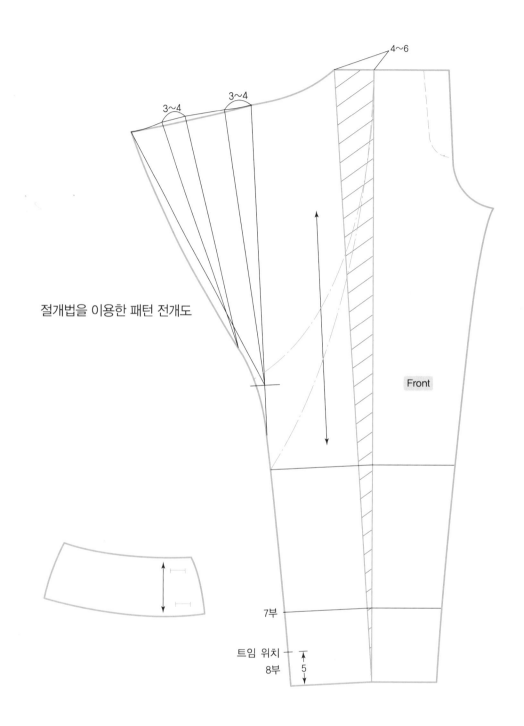

절개법을 이용한 패턴 전개도

3~4

3~4

4~6

Front

7부

틈임 위치

8부

5

Tip 포켓(Pocket)의 안단은 짧게 할 수도 있으나, 무릎선(K.L)까지 깊게 사용했을 때 팬츠의 실루엣을 가장 보기 좋게 유지할 수 있다.

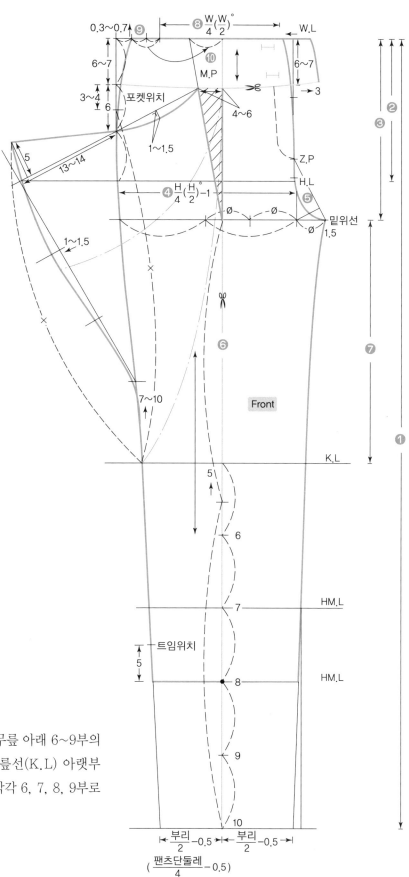

팬츠(Pants)의 길이를 무릎 아래 6~9부의
길이로 설정할 때는 무릎선(K.L) 아랫부
분을 다섯으로 나누어 각각 6, 7, 8, 9부로
길이를 설정토록 한다.

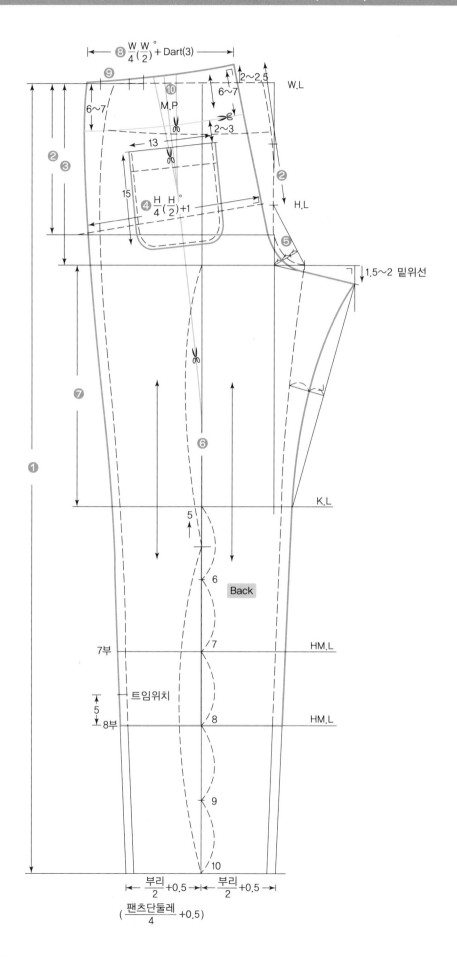

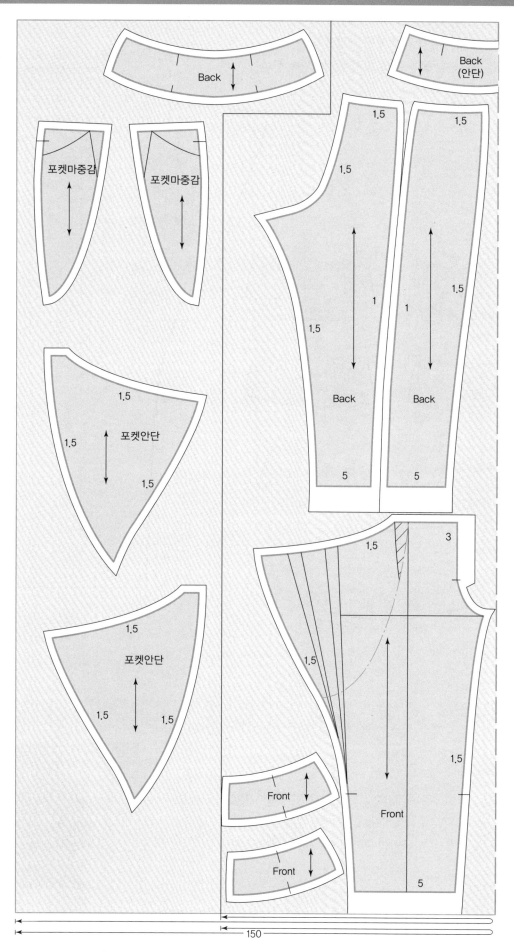

① 요크 밴드에 심지 부착과 테이핑 작업을 한다.
② 포켓감을 재단하고 몸판 포켓 위치에 테이핑을 한다.

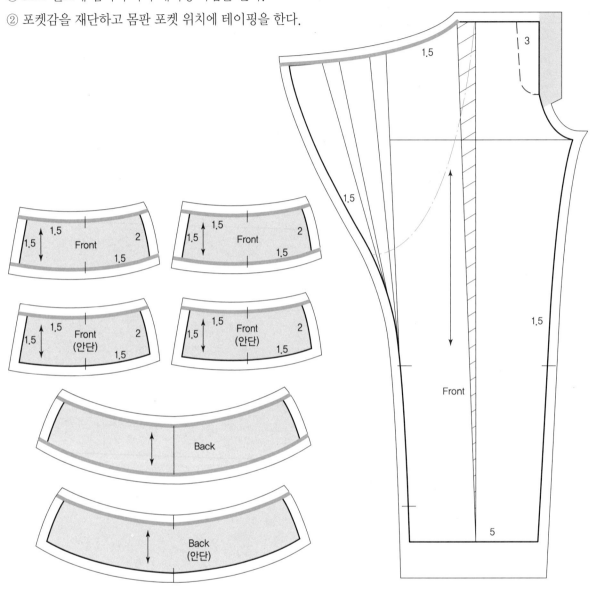

■ SECTION 07 │ 페그톱 팬츠 제작(봉제)

(1) 겉감 앞판 제작

① 테이핑된 겉감의 포켓 입구에 겉감과 안단의 겉면을 마주 놓고
0.2cm 여유 있게 박음질한다.(주머니 깊이 35cm)
② 시접 정리 후 포켓 안단과 시접을 0.2cm 눌러 박음한다.

③ 포켓 입구의 봉제선이 보이지 않도록 정리한 후 장식박음(0.5cm)을 한다.

④ 주머니 속감을 뒤집어서 시접 쪽으로 0.7cm 나가 박는다.

⑤ 다시 뒤집어서 포켓 입구와 마중감을 맞춰 놓고 포켓 속감을 시침으로 고정한 후 통솔로 박음질한다.

(2) 겉감 뒤판 제작

① 중심선 시접을 2cm 간격으로 평행하게 두고 자르지 않고 박음질한다.

② 박음질된 중심선 시접을 중심 쪽으로 모은 후 장식스티치(0.5cm)를 한다.(시접은 자르지 않고 합선 처리)

③ 준비된 아웃포켓을 포켓 위치에 고정한 후 박음질한다.(장식박음 0.5cm)

(3) 앞판과 뒤판 연결

① 앞판과 뒤판의 겉면을 마주 놓고 옆선과 안가랑이선을 박는다.(가름솔)

② 솔기는 끝박음하여 가름솔 처리한다.

③ 슬랙스 옆선 트임은 밑단에서 5cm 위치까지 트임정리한다.

④ 지퍼를 박는다.(팬츠 지퍼방식)

(4) 요크 밴드 정리

① 요크 밴드의 앞판과 뒤판을 연결한다.

② 연결된 요크 밴드와 몸판(엉덩이 아래 부분)을 연결한다.

③ 요크 밴드 겉감은 여유 있게 안단 완성선을 맞추어 박음질한다.

④ 시접 정리 후 시접과 안단을 0.2cm 눌러 박음질한다.

⑤ 요크 밴드 안단을 정리한 후 장식박음(0.2~0.5cm)을 한다.

⑥ 단춧구멍은 버튼홀스티치(단춧구멍 길이 2.5cm)로 처리한다.

(5) 밑단 정리

① 밑단의 트임 부분을 일정하게 남기고 접어 올린 후 고정 시침한다.

② 접어 올린 밑단 시접은 한 번 더 접은 다음 감침(공그르기)을 한다.

③ 트임부분은 맞트임 후 0.5cm 장식박음한다.

(6) 마무리(끝손질)

① 실표뜨기나 시침실을 제거한 후 다림질로 형태를 잡는다.

② 지퍼를 잠그고 단추 위치와 단춧구멍 위치를 표시한 곳에 단춧구멍을 버튼홀스티치(2.5cm)한다.

③ 단춧구멍 위치에 맞춰 단추를 단다.

완성된 앞판의 형태

요크 벨트와 포켓 확대도

Tip 포켓의 드롭(Drop) 분량이나
깊이는 착용자의 니즈(Needs)
에 따라 증감할 수 있다.

완성된 뒤판의 형태

INDUSTRIAL ENGINEER FASHION DESIGN

FASHION
DESIGN

CHAPTER

10

원피스 드레스
One—piece Dress

One-piece Dress 원피스 드레스는 상반신의 의복과 하반신의 의복이 하나로 연결되어 이루어진 의복을 의미하며, 형태는 디자인과 소재에 따라 다양하게 구성할 수 있다.

원피스 드레스를 실루엣별로 분류해보면 Straight Silhouette, Fit & Flare Silhouette, Tent Silhouette, 역삼각형 실루엣을 기본으로 디자인이나 디테일의 변화에 따라 다양하게 전개하여 활용하고 있다. Princess(Shoulder · Armhole) Line, Hight Waist Line, Low Waist Line, Straight Silhouette One-piece Dress 등이 그 예이다.

마름질(재단)되어 지급된 겉감을 부위별로 시접을 적당량 남기고 재정리한다.

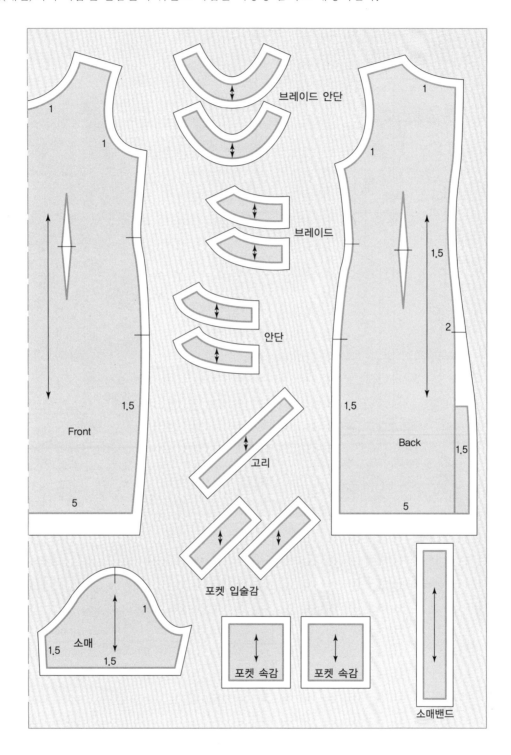

① 안감은 시접이 정리된 겉감을 놓고 재단한다.

② 소매 안감을 넣지 않는다.(소매도 안감을 요구할 수 있기 때문에 요구사항을 꼭 확인할 것!)

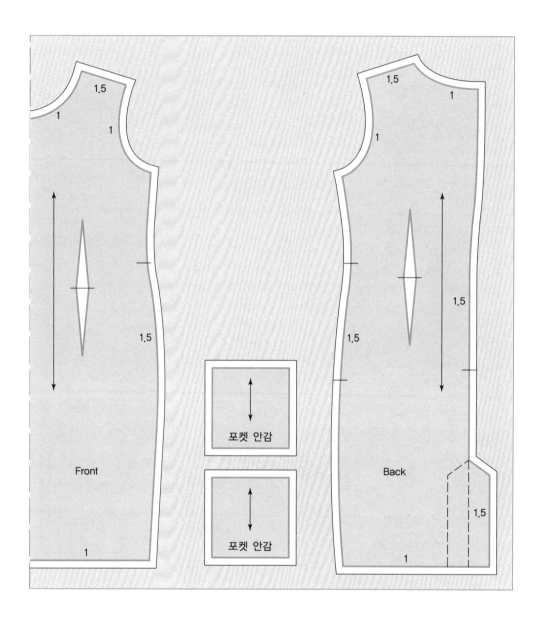

① 심지는 안단(앞, 뒤) 포켓 위치, 스커트 트임 위치에 붙인다.
② 테이핑 처리는 암홀라인, 지퍼 위치에 붙인다.

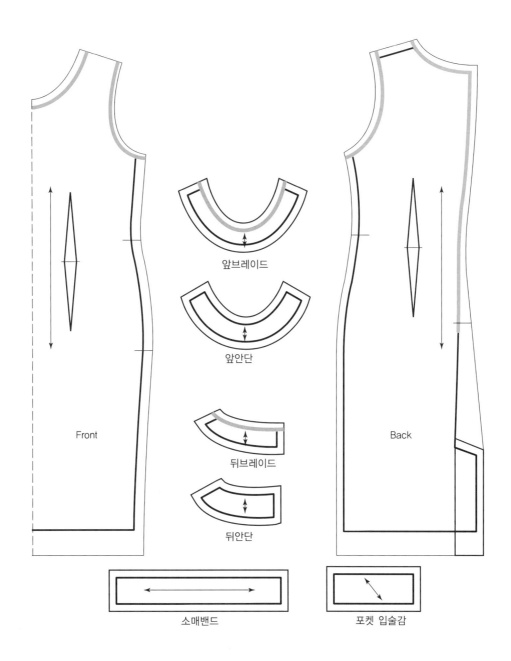

앞브레이드

앞안단

뒤브레이드

뒤안단

Front

Back

소매밴드

포켓 입술감

(1) 겉감 제작

① 앞판은 다트를 박고 네크라인의 덧단(브레이드)을 박은 후 상침을 한다.(몸판)

② 뒤판은 다트와 브레이드를 박은 후 상침한 다음 지퍼를 단다.

③ 앞판, 뒤판, 어깨선과 옆선을 박는다.

④ 밑단을 접은 다음 바이어스로 처리한다.

(2) 안감 제작

안감은 완성선에서 시접 쪽으로 0.2~0.3cm 내어 박아 여유량을 주고 다림질은 완성선으로 한다.

① 앞판은 다트를 박은 후 안단을 박는다.

② 뒤판은 다트를 박고 안단을 박은 후에 중심선을 박는다.

③ 앞판과 뒤판의 어깨선과 옆선을 박고 밑단을 접어 박는다.

(3) 소매 제작

소매산은 이즈(Ease)양을 잡아 박은 후 소매밴드 상침 후 옆선을 박는다.

(4) 소매 달기

소매산은 적당한 이즈양을 고려하여 형태를 만든 후, 몸판과 소매를 잘 맞추어 박는다.

(5) 겉감, 안감 합봉

① 목둘레선의 겉감과 안감을 겉을 마주대고 고정 후 박는다.

② 시접을 정리한 후 안단과 시접을 끝박음질로 고정한다.

③ 밑단과 트임을 공그르기로 정리한다.

④ 어깨, 겨드랑이 밑과 밑단(옆선)의 안감과 겉감을 고정한다.

(6) 마무리(끝손질)

① 실루엣을 중심으로 옷감을 정리하고 입체감과 형태를 다림질로 완성한다.

② 걸고리와 단추를 단다.

완성된 앞판의 형태

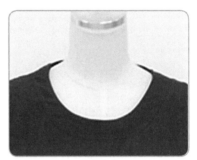

칼라 확대도

완성된 뒤판의 형태

① 마름질되어 지급된 겉감을 부위별로 시접을 적당량 남기고 재정리한다.

② 완성선 표시는 실표뜨기로 한다.

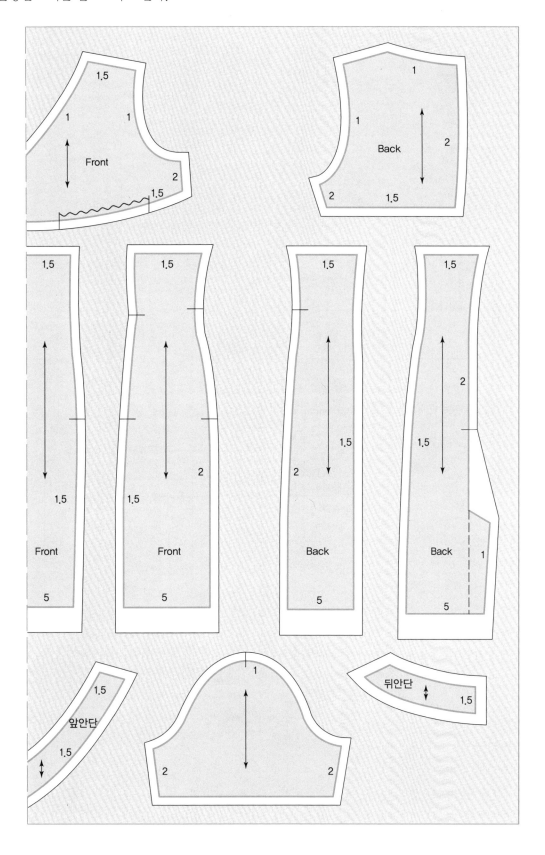

① 안감은 시접이 정리된 겉감을 놓고 재단한다.
② 소매 안감은 요구사항에 적합하게 제작한다.

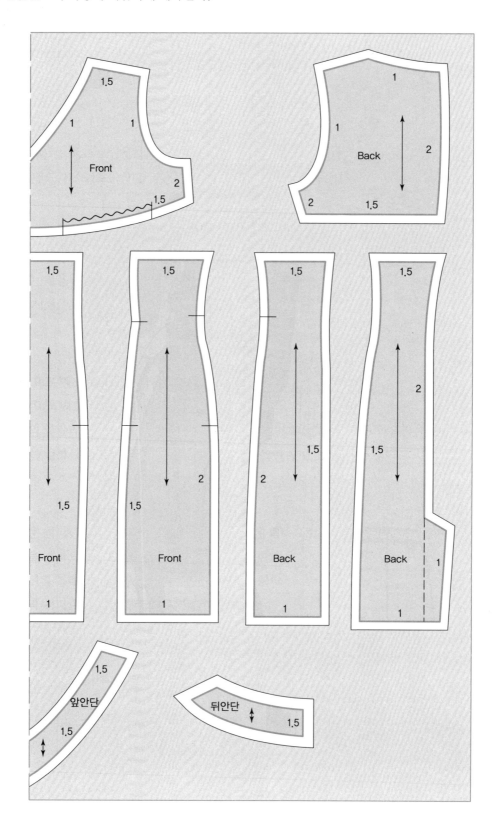

① 심지는 안단(앞, 뒤) 포켓 위치, 스커트 트임 위치 등에 부착한다.
② 테이핑 처리는 암홀라인, 지퍼 위치 등의 늘어남을 방지하기 위해 사용하는 방법으로 가능하면 식서 테이프를
    이용하여 붙이도록 한다.

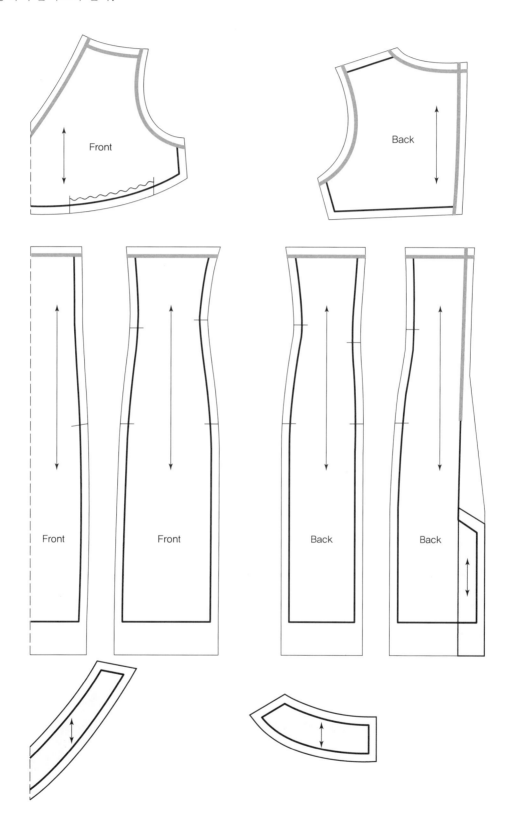

(1) 겉감 제작

① 앞판의 위 요크 부분은 셔링을 잡고, 원피스 아래는 라인을 박아 위아래를 연결한다.

② 뒤판의 위 요크 부분은 셔링을 잡고, 원피스 아래는 라인을 박아 위아래를 연결한다.

③ 뒷중심선은 지퍼 위치와 트임 위치를 남기고 박아준다.

④ 뒷중심선에 지퍼를 박아준다.

⑤ 어깨선과 옆선을 연결한 후 가름솔로 정리한다.

⑥ 밑단은 바이어스로 정리한 후 접어 다린다.

(2) 안감 제작

① 앞판은 안감의 위 부분과 안단을 연결하고 아랫부분의 라인을 박아 상하를 연결한다.

② 뒤판은 안감의 위 부분과 안단을 연결하고 아랫부분의 라인을 박아 상하를 연결한다.

③ 뒷중심선(지퍼 위치, 트임 위치 제외)을 박는다.

Tip 안감은 완성선에서 0.2~0.3cm 정도 내어 박고 완성선으로 다림질한다.

(3) 소매 제작

소매산은 이즈(Ease)양을 잡아 박은 후 옆선을 박는다.

(4) 소매 달기

소매산은 적당한 이즈양을 고려하여 형태를 만든 후 몸판과 소매를 잘 맞추어 박는다.

(5) 겉감, 안감 합봉

① 목둘레선의 겉감과 안감을 겉을 맞대고 고정 후 박는다.

② 시접 정리 후 안단과 시접을 끝박음질로 눌러 박는다.

③ 지퍼 위치의 안감을 공그르기로 정리한다.

④ 겉감 밑단 뒤트임을 정리(공그르기)한다.

⑤ 어깨, 겨드랑이 밑단 옆선의 겉감과 안감을 적당한 여유를 두고 고정한다.(체인사슬뜨기)

(6) 마무리(끝손질)

① 실루엣을 중심으로 옷감을 정리하고 입체감과 형태를 다림질로 고정시킨다.

② 지퍼(목부분) 끝에 걸고리를 단다.

완성된 하이웨이스트 원피스 드레스

완성된 앞판의 형태

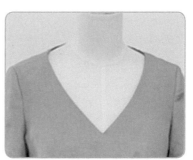

칼라 확대도

완성된 뒤판의 형태

① 마름질(재단)되어 지급된 겉감을 부위별로 시접을 적당하게 남긴 후 재정리한다.
② 완성선 표시는 실표뜨기로 한다.

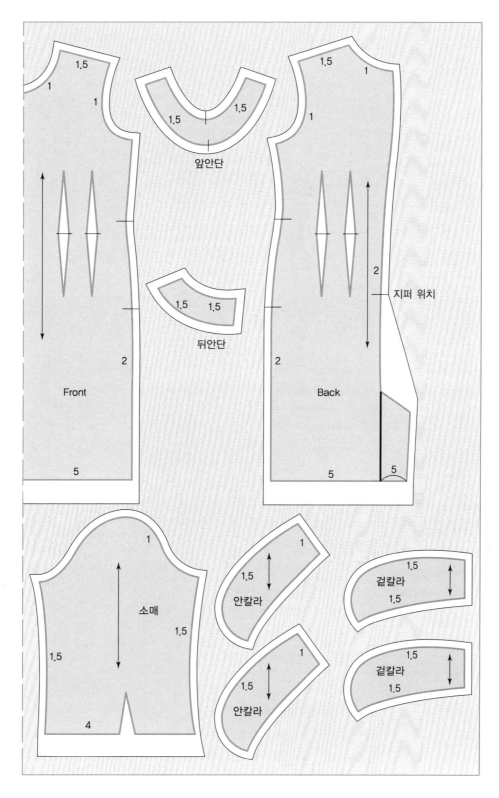

① 안감은 시접이 정리된 겉감을 위에 놓고 재단한다.

② 옆선 시접은 겉감 시접보다 0.2~0.3cm 정도 여유분을 주고 재단한다.

③ 시접은 겉감과 동일하게 준다.

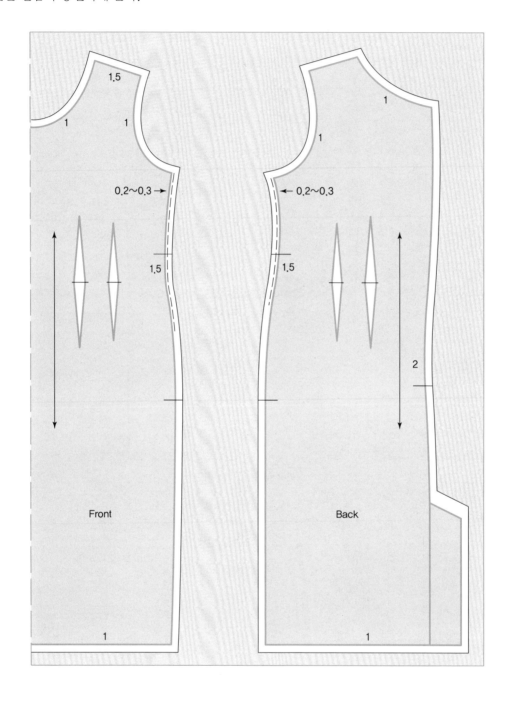

① 심지는 앞·뒤 안단, 안칼라, 소매 밑단, 밑단 트임분 등에 붙인다.
② 테이핑 처리는 안칼라 외곽선, 목둘레선, 진동둘레선, 지퍼 다는 부분 등에 붙인다.

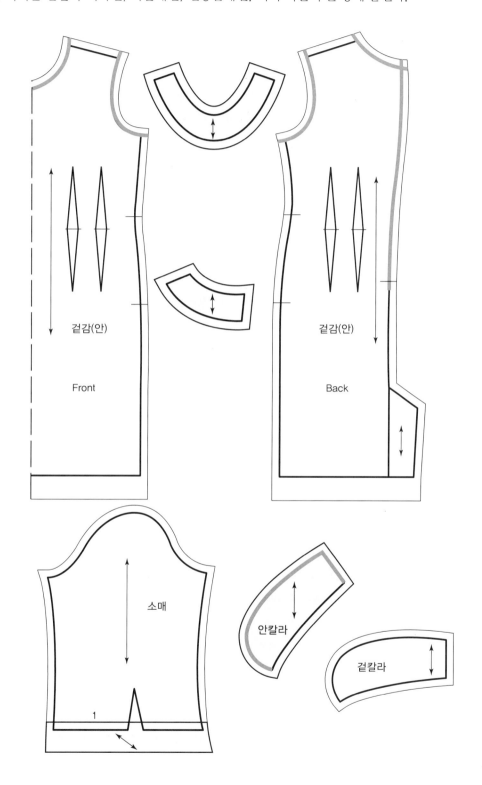

(1) 겉감 제작

① 앞·뒤판 다트 및 턱을 박는다.

② 뒷중심선은 트임분과 지퍼 위치를 남기고 박은 후 콘실지퍼를 단다.

③ 어깨선과 옆선을 박은 후 다림질에 주의하면서 가름솔을 한다.

(2) 안감 제작

① 앞·뒤판 다트를 박는다.

② 앞·뒤판 안감에 안단을 연결한다.

③ 앞·뒤판 어깨선과 옆선을 박은 후 시접처리는 뒤판 쪽으로 몰아준다.

Tip 안감 옆선은 재단 시 0.2~0.3cm 내어준 시접을 완성선으로 박는다.

(3) 칼라 제작

① 바이어스로 재단된 안칼라 중심을 박아 가름솔한다.

② 겉·안칼라 겉을 마주대고 완성선을 박은 후 시접을 계단식으로 정리한다.

③ 곡선부분은 시접 겹치는 부분을 잘라주고 정리한다.

(4) 소매 제작

① 소매의 장식 트임을 한다.

② 소매산의 이즈(Ease)양을 홈질 또는 큰 땀수로 박는다.

③ 옆선을 박은 후 가름솔로 정리한다.

④ 몸판 진동에 맞추어 오그림하여 형태를 만든다.

(5) 소매 달기

오그림하여 만들어진 소매와 몸판 진동을 잘 맞추어 시침한 후 박는다.

(6) 칼라 달기

① 겉칼라와 안칼라를 적당한 여유를 두고 만든다.

② 만들어진 칼라를 겉감 목둘레선과 칼라의 겉감 위에 안감겉을 마주대로 고정한 후 박는다.

③ 목선의 시접을 정리한 후 안단과 시접을 눌러 박음한다.

(7) 밑단 및 트임 정리

① 뒷 중심 지퍼 위치의 안감은 공그르기로 정리한다.

② 밑단은 바이어스로 감싸준 후 공그르기로 감침한다.

③ 트임을 정리한 후 양 옆을 사슬체인으로 연결한다.(안감과 겉감)

(8) 마무리(끝손실)

실표뜨기를 제거한 후 다림질 형태를 정리하며 완성한다.

완성된 앞판의 형태

칼라 확대도

완성된 뒤판의 형태

로우웨이스트 라인
원피스 드레스
LOW WAIST LINE
ONE-PIECE DRESS

■ 제도설계 순서

	뒤판(Back)		앞판(Front)	
① 원피스길이	98	① 원피스길이	98+차이치수	
② 진동깊이	$\dfrac{B}{4}\left(\dfrac{B°}{2}\right)$	② 진동깊이	$\dfrac{B}{4}\left(\dfrac{B°}{2}\right)$	
③ 등길이	38	③ 앞길이	38+차이치수	
④ 엉덩이길이	W.L에서 18~20cm ↓	④ 엉덩이길이	W.L에서 18~20cm ↓	

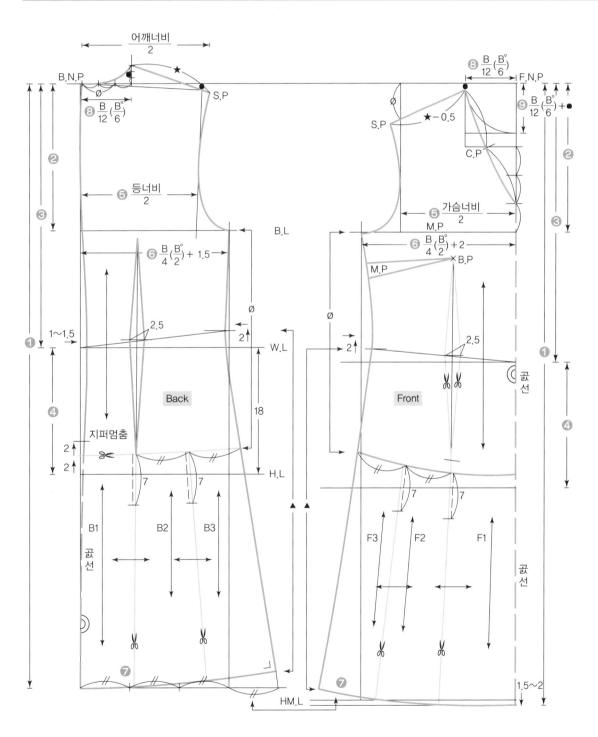

■ 제도설계 필요측정치수

B.N : 9
F.N : 9
칼라 너비 : 8

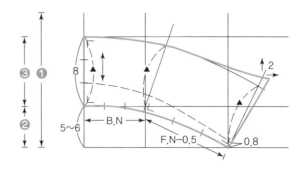

■ SECTION 03 | 로우웨이스트 라인 원피스 드레스 소매 제도설계

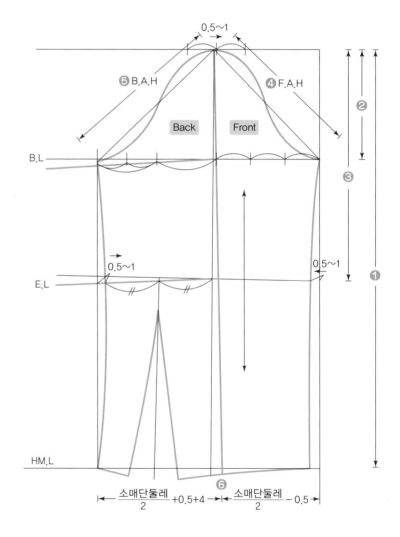

■ 제도설계 순서

❶ 소매길이 : 56

❷ 소매산 높이 : $\dfrac{(F.A.H+B.A.H)}{3}$

❸ 팔꿈치선(E.L) : $\dfrac{소매길이}{2}$ +3~4cm

❹ F.A.H : 23.5−0.5~0.8

❺ B.A.H : 24.5−0.5~0.8

❻ 소매단 둘레 : 25

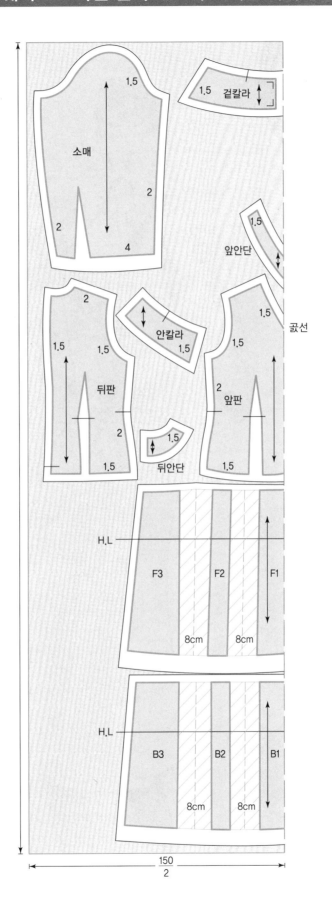

■ 제도설계 순서

	Back			Front	
❶ 원피스길이	98		❶ 원피스길이	98+차이치수	
❷ 진동깊이	$\frac{B}{4}\left(\frac{B°}{2}\right)$		❷ 진동깊이	$\frac{B}{4}\left(\frac{B°}{2}\right)$	
❸ 등길이	38		❸ 앞길이	38+차이치수	
❹ 엉덩이길이	W.L에서 18~20cm ↓		❹ 엉덩이길이	W.L에서 18~20cm ↓	

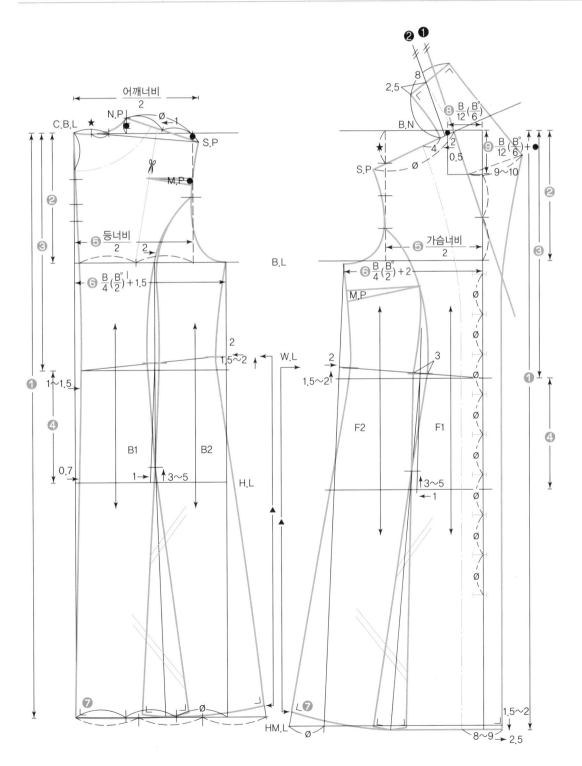

Tip 소매단 둘레의 계산방법

★−소매단 둘레(25)=▲라면 ▲을 P의 위치에서 빼고 남은 양이 구하고자 하는 소매둘레의 치수이다.

■ **제도설계 순서**

❶ 소매길이 : 58

❷ 소매산 높이 : $\dfrac{\text{A.H(F.A.H + B.A.H)}}{3}$

❸ 팔꿈치선 : $\dfrac{\text{소매길이}}{2}$ +3~4

❹ F.A.H : 22.5

❺ 중심선 내려긋기

❻ B.A.H : 23.5

❼ 소매 안선 내려긋기

❽ 소매산 곡선 긋기

❾ 소매단 둘레

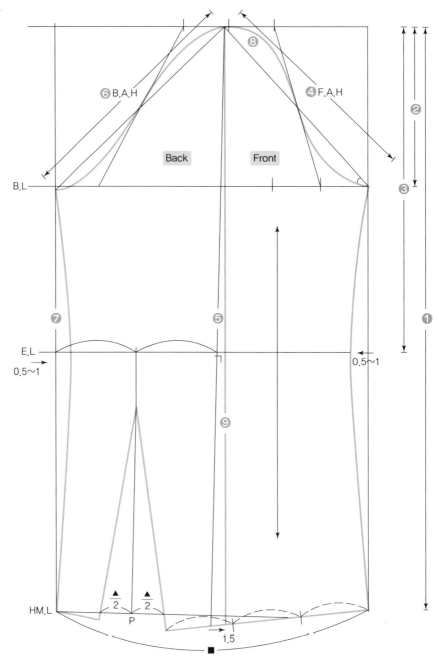

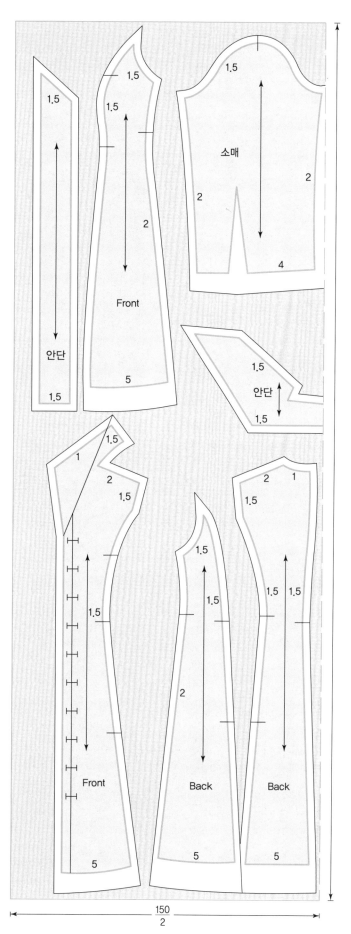

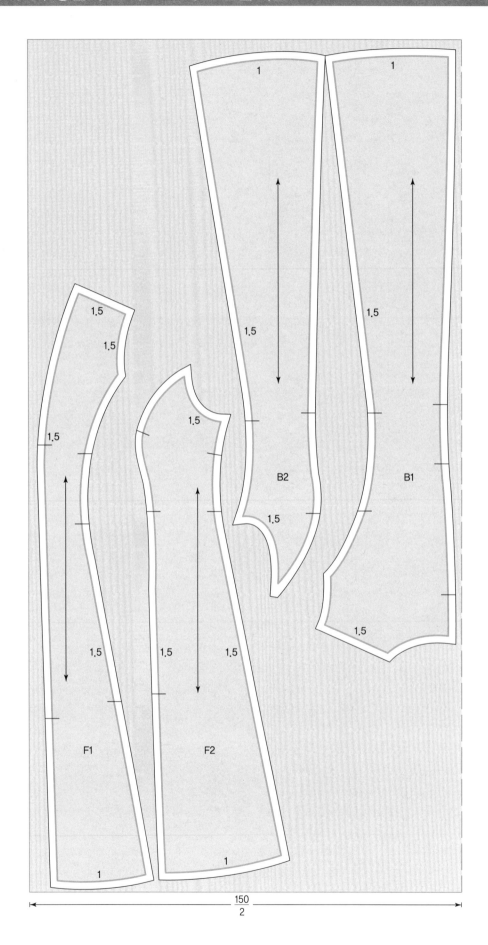

가봉시침 : 재단된 안단에 심지작업을 한다.(앞판 안단, 칼라)

(1) 겉감 제작

① 앞판 중심폭과 패널폭을 박은 후 시접을 가름솔로 처리한다.

② 뒤판 중심선을 박고 패널폭을 박은 후 시접을 가름솔로 처리한다.

③ 어깨선과 옆선을 박은 후 가름솔로 정리한다.

④ 밑단은 바이어스로 정리한 후 완성선대로 접어 다림질한다.

(2) 안감 제작

① 앞판의 안감중심폭과 패널폭을 연결한 후 시접을 모아서 오버로크 처리한다.

② 앞판 안단과 준비된 안감을 연결한다.

③ 뒤판 안감 중심선을 박고 중심폭과 패널폭을 연결한 후 시접을 모아서 오버로크 처리한다.

④ 앞판과 뒤판 안감의 어깨선과 옆선을 박은 후 시접을 모아서 오버로크 처리한다.

⑤ 안감 밑단을 완성선대로 접고 다시 1.5~2cm를 접은 후 0.2cm 끝박음 처리한다.

Tip 안감은 완성선에서 0.2~0.3cm 정도 여유있게 내어 박고 완성선대로 다림질한다.

(3) 소매 제작

① 소매산은 이즈를 잡기 위해 잔홈질로 홈질한다.

② 소매 밑단의 다트를 박고 중심 쪽으로 향하게 다림질한 후 소매 안선을 박는다.

③ 소매 안선을 박음질한 후 가름솔로 처리한다.

(4) 겉감, 안감 합봉

① 겉감과 안단의 겉면을 마주 대고 겉감을 0.2cm 정도 여유있게 합봉한다.(앞중심선에서 칼라까지)

② 박음질된 앞중심과 칼라선까지 어슷시침으로 형태를 잡는다.

③ 형태가 잡힌 겉감과 안감의 암홀선을 맞추어 시침으로 고정한다.

(5) 소매 달기

① 준비된 몸판과 준비된 소매를 소매산에 이즈를 잡고 몸판의 어깨점과 소매의 중심점을 맞추고 박음질로 연결한다.

② 소매 밑단 시접을 정리한다.

(6) 마무리(끝손질)

① 실루엣을 중심으로 옷감을 정리하고 입체감과 형태를 다림질로 정리한다.

② 단춧구멍 위치에 (기계단춧구멍 또는 파이팅 단춧구멍) 단춧구멍을 제작한다.

③ 단추 위치에 적합하게 단추를 단다.

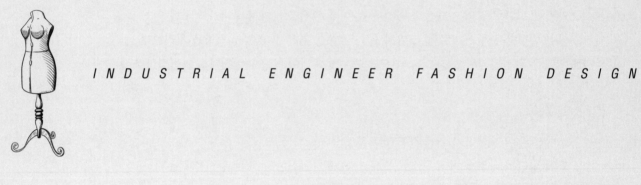

INDUSTRIAL ENGINEER FASHION DESIGN

CHAPTER

11

베스트 & 재킷
Vest & Jacket

Vest & Jacket 베스트(Vest)는 민소매의 상의로서 조끼(胴衣)라고도 하며, 여성용 웨이스트코트(Waistcoat)에서 시작되어 상업용 용어인 베스트(Vest)라는 용어를 사용하게 되었다. 기본적인 것은 허리까지 길이이나 디자인과 용도에 따라 원피스 드레스로 길게 디자인된 것을 볼 수 있다. 형태와 용도에 따른 베스트를 살펴보면 웨이스트코트(Waistcoat), 롱 베스트(Long Vest), 쇼트 베스트(Short Vest), 피싱 베스트(Fishing Vest), 다운 베스트(Down Vest), 아미 베스트(Army Vest) 등을 기본으로 응용 전개되어 사용되고 있다.

재킷(Jacket)은 허리선의 길이나 엉덩이 길이까지 앞이 트인 상의 의복을 총칭하는 것으로, 남녀 노소 막론하고 부담없이 착용할 수 있는 의복이다. 재킷의 원형은 인체에 꼭 맞고 길이가 짧은 남성복 상의 코타르디(Cotehardi)에서 유래되었다고 한다. 같은 소재의 재킷과 베스트 팬츠의 조합은 슈트(Suit)라고 하며, 슈트는 남자 신사복의 대표적인 의복이다. 재킷은 남성복에서 시작하여 현재에는 여성복까지 일반화되어 있으며, 형태에 따른 재킷에는 테일러드 재킷(Tailored Jacket), 카디건 재킷(Cardigan Jacket), 사파리 재킷(Safari Jacket), 페플럼 재킷(Peplum Jacket), 싱글 브레스트(Single Breasted), 더블 브레스트(Double Breasted), 인버네스 재킷(Inverness Jacket) 등 다양한 디자인의 재킷으로 이루어져 있다.

쇼트
베스트
SHORTS VEST

베스트(Vest)는 민소매의 상의로서 주로 셔츠나 블라우스 위에 또는 재킷 안에 착용하는 의복으로 조끼라고 불린다. 베스트는 착용목적에 따라 장소 및 때와 관계없이 폭넓게 착용되며, 소재와 디자인으로 다양하게 변화를 줄 수 있다.

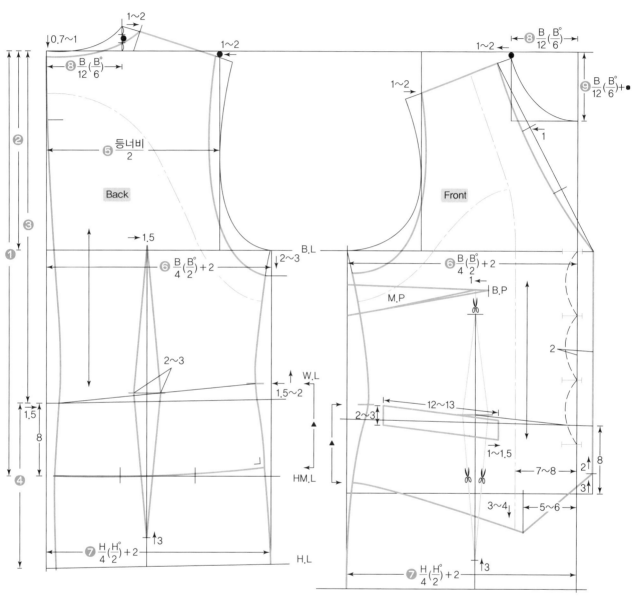

■ **적용치수 및 제도설계 순서**

뒤판(Back)		앞판(Front)	
❶ 베스트 길이	46	❶ 베스트 길이	46+차이치수(3)
❷ 진동깊이	$\dfrac{B}{4}\left(\dfrac{B°}{2}\right)$	❷ 진동깊이	$\dfrac{B}{4}\left(\dfrac{B°}{2}\right)$
❸ 등길이	38	❸ 등길이	41
❹ 엉덩이 길이	W.L에서 18~20↓	❹ 엉덩이 길이	W.L에서 18~20↓
❺ 등너비	$\dfrac{등너비}{2}$	❺ 가슴너비	$\dfrac{가슴너비}{2}$
❻ 가슴둘레	$\dfrac{B}{4}\left(\dfrac{B°}{2}\right)+2$	❻ 가슴둘레	$\dfrac{B}{4}\left(\dfrac{B°}{2}\right)+2$
❼ 엉덩이둘레	$\dfrac{H}{4}\left(\dfrac{H°}{2}\right)+2$	❼ 엉덩이둘레	$\dfrac{H}{4}\left(\dfrac{H°}{2}\right)+2$
❽ 목둘레	$\dfrac{B}{12}\left(\dfrac{B°}{6}\right)$	❽ 목둘레	$\dfrac{B}{12}\left(\dfrac{B°}{6}\right)$

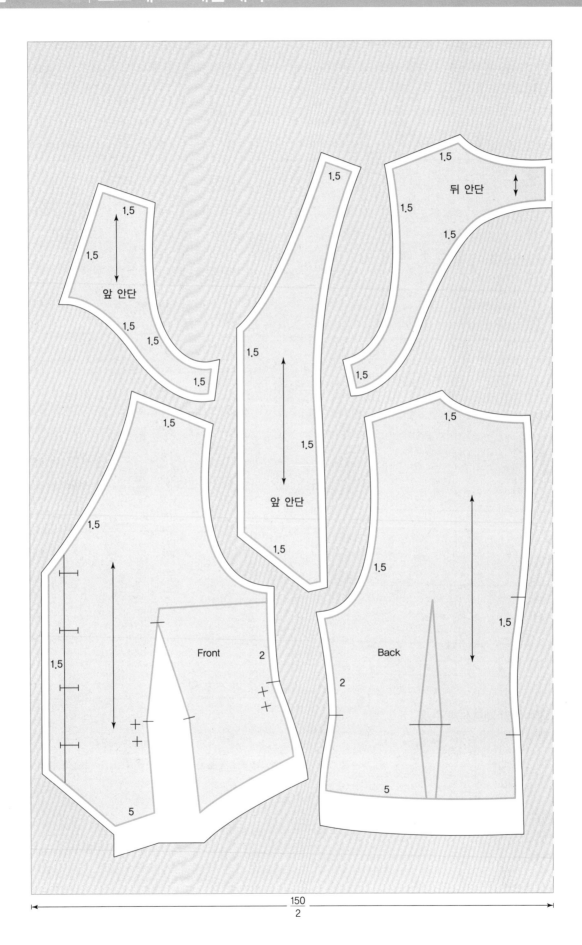

앞 안단

1.5

앞 안단

뒤 안단

Front

Back

2

2

5

5

$$\frac{150}{2}$$

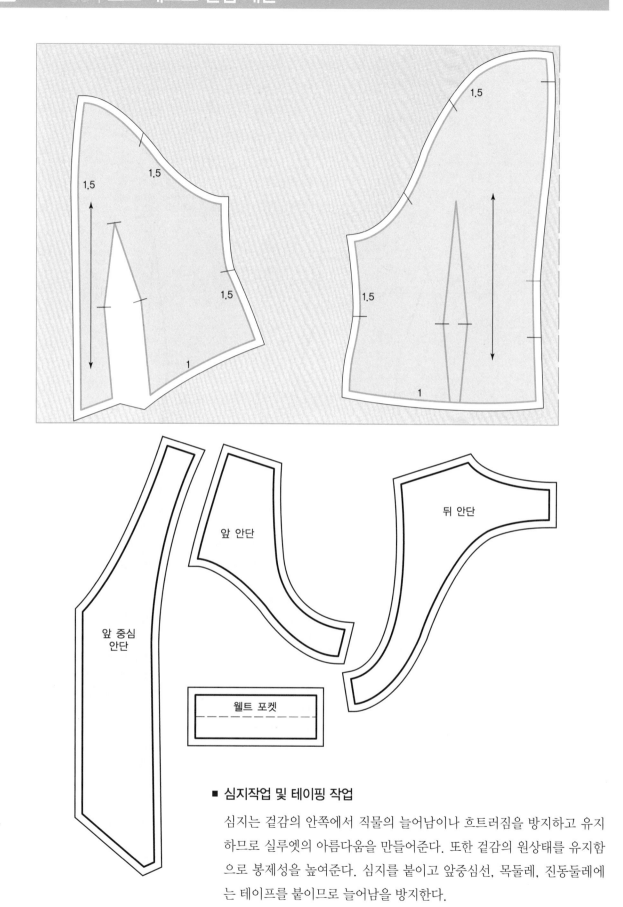

■ 심지작업 및 테이핑 작업

심지는 겉감의 안쪽에서 직물의 늘어남이나 흐트러짐을 방지하고 유지
하므로 실루엣의 아름다움을 만들어준다. 또한 겉감의 원상태를 유지함
으로 봉제성을 높여준다. 심지를 붙이고 앞중심선, 목둘레, 진동둘레에
는 테이프를 붙이므로 늘어남을 방지한다.

심지는 옷의 형태를 잡아주고 테이핑은 늘어남을 방지해주므로 적절한 사용은 생산성을 높여주는 효과를 준다.

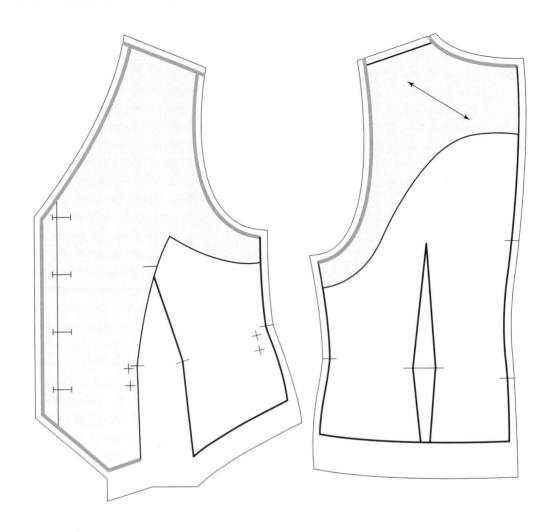

① 마름질(재단)되어 지급된 겉감을 부위별로 적당량의 시접을 남기고 정확하게 재정리한다.

② 완성선 표시는 실표뜨기로 한다.

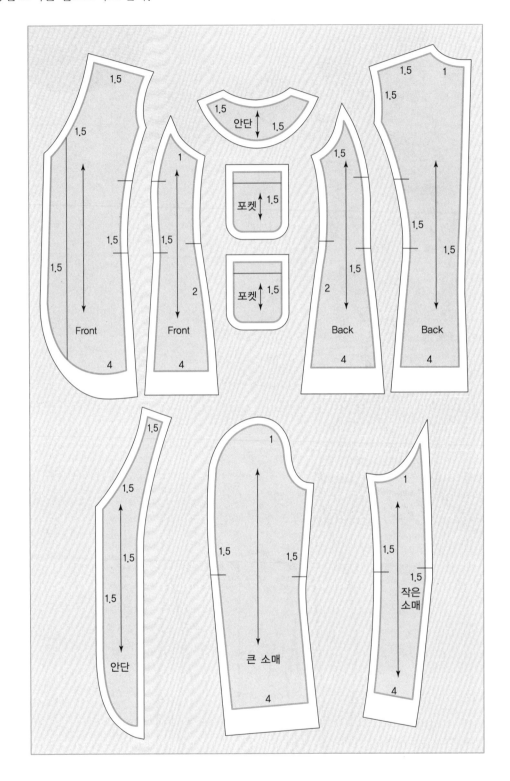

① 안감은 시접이 정리된 겉감을 높고 재단한다.

② 옆선 시접은 겉감 시접보다 0.2~0.3cm 정도 여유분을 주고 재단한다.

③ 시접은 겉감과 동일하게 하되 밑단은 1cm 시접을 둔다.

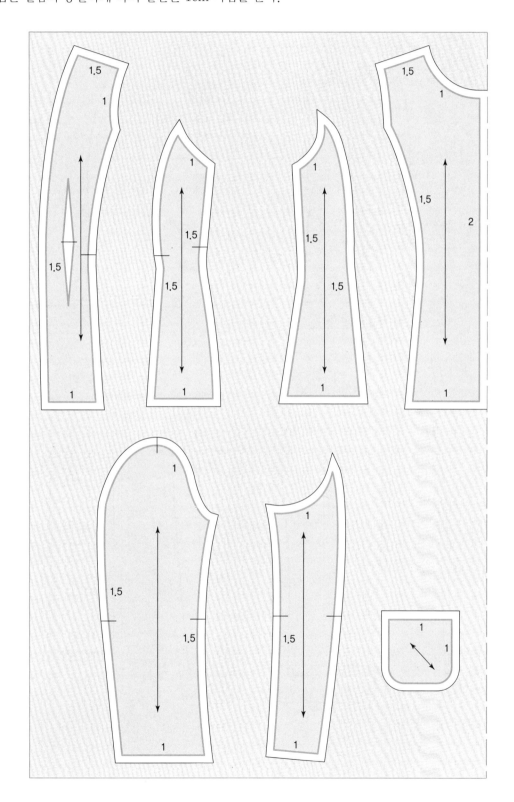

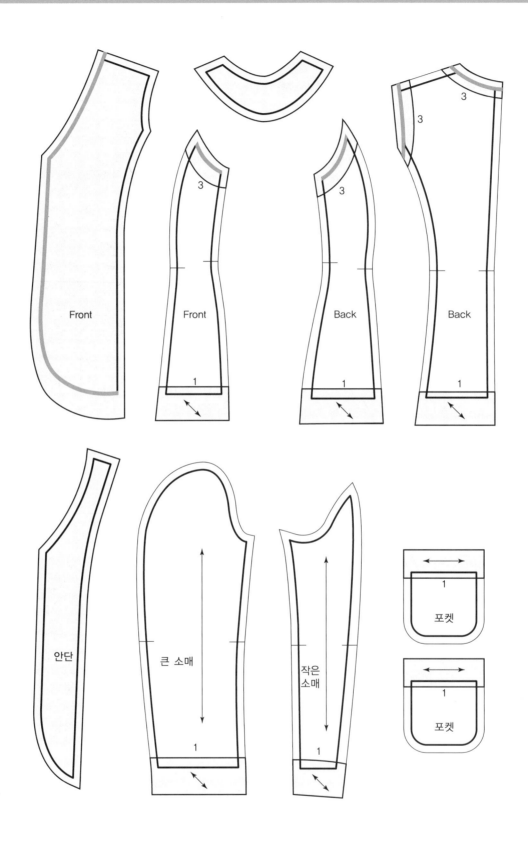

(1) 심지 부착 및 테이핑 처리

① 심지는 재킷 앞판 전체, 앞·뒤 안단, 재킷 밑단, 소매 밑단에 붙인다.
② 테이프처럼 목둘레선, 앞중심선, 진동둘레선에 붙인다.

(2) 겉감 제작

1) 앞판

① 프린세스라인을 박은 후 가름솔로 시접 처리한다.
② 주머니 위치에 덧주머니(아웃포켓)를 단다.

2) 뒤판

① 뒷중심을 박은 다음 도면에 나타난 방향에 싱침한다.
② 프린세스라인을 박는다.

(3) 안감 제작

① 앞·뒤판 안감에 안단을 연결한다.
② 앞·뒤판 프린세스라인을 박은 다음 시접은 옆선 쪽으로 몰아서 처리한다.

(4) 겉감, 안감 연결하기

① 앞판, 뒤판의 어깨선 및 옆선을 박는다.
② 안감 옆선은 겉감 완성선보다 0.2~0.3cm 정도 여유를 주고 박는다.

(5) 소매 제작

① 소매 다트를 박는다. → 시접은 중심 쪽으로 가도록 한다.
② 소매산에 이즈(Ease)양을 넣기 위한 큰 땀수 혹은 홈질을 한다.
③ 소매 안선을 박는다.
④ 소매산의 홈질이나 큰 땀을 오그림하여 적당한 이즈양을 잡는다.

(6) 소매 달기(겉감, 안감)

오그림한 소매와 몸판진동을 잘 맞추어 시침한 후 박는다.

(7) 겉감, 안감 합봉하기

① 겉감 겉과 안단 겉을 마주 놓고 시침한 후 앞단 선부터 목둘레선을 박는다.

② 시접을 계단식으로 정리한 후 형태를 잡는다.

③ 앞판 안단 시접부분을 겉감에 세발뜨기로 고정한다.

④ 어깨 패드를 단 후 겉감과 안감을 실고리로 고정한다.

⑤ 몸판 소매 밑단과 소매 안감 밑단을 봉합한다.

(8) 마무리(끝손질)

① 실표뜨기를 제거한 후 다림질로 형태를 완성한다.

② 단춧구멍은 버튼홀스티치로 만든다.

③ 단추를 단다.

완성된 앞판의 형태

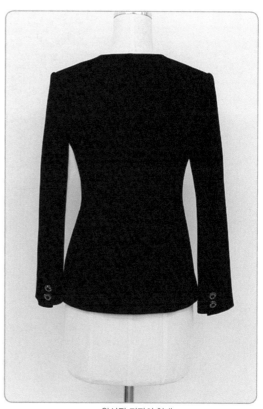

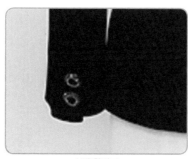

소매 확대도

완성된 뒤판의 형태

스탠드 칼라는 칼라를 목선 따라 세운 것으로 만다린 칼라, 차이니스 칼라, 밀리터리 칼라라고도 불린다.

■ 적용치수

(단위 : cm)

부위	치수	부위	치수	부위	치수
어깨너비	38	상의길이	59	유두폭(유폭)	18
소매길이	56(44)	유두길이(유장)	24	가슴둘레	86
등너비	36	앞길이	41	허리둘레	68
등길이	38	가슴너비(앞너비)	34	엉덩이둘레	92

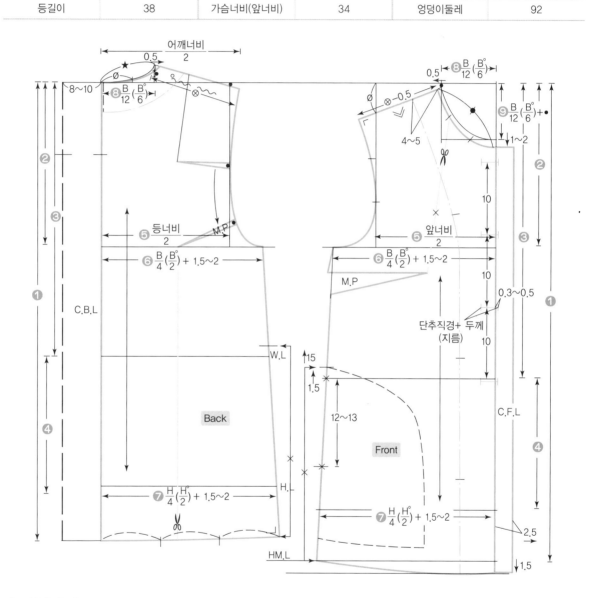

■ 제도설계 순서

뒤판(Back)		앞판(Front)	
❶ 상의길이	❺ 등너비(등품)	❶ 상의길이 + 차이치수	❺ 앞너비(가슴)
❷ 진동깊이	❻ B.L의 품치수	❷ 진동깊이	❻ B.L의 품치수
❸ 등길이	❼ H.L의 품치수	❸ 앞길이(등길이 + 차이치수)	❼ H.L의 품치수
❹ 엉덩이길이(H.L)	❽ 목둘레	❹ 엉덩이길이	❽ 목둘레

Tip 디자인과 소재에 따라서 플레어 분량과 길이를 조절할 수 있다.

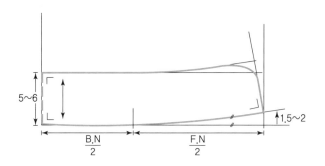

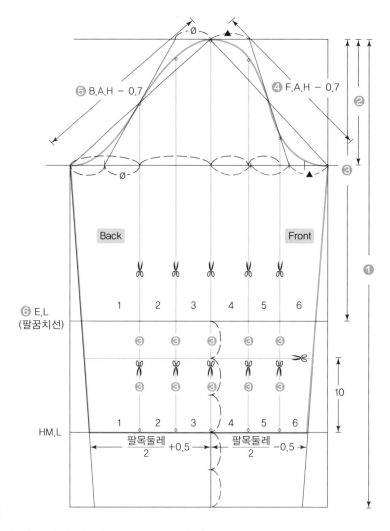

■ 제도설계 순서

- 소매의 기본인 세트 인 슬리브(Set-In Sleeve) 제도 후 절개법을 적용
- 둥글게 부풀어진 양만큼 벌려 적용

❶ 소매길이 : 56(44)

❷ 소매산 : $\dfrac{\text{A.H(F.A.H+B.A.H)}}{3}$

❸ 팔꿈치선(E.L) : $\dfrac{\text{소매길이}}{2}+3\sim4$

❹ F.A.H : 0.7

❺ B.A.H : 0.7

❻ E.L(팔꿈치선) 아랫부분을 5등분하여 8부 길이를 찾거나 소매길이를 직접 적용하여 설계한다.

① 소매의 윗부분을 6등분하여 각각 약 3cm 정도 벌린 후 선을 고르게 곡선으로 그린다.

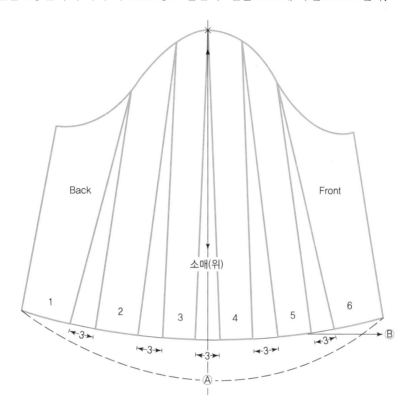

② 소매의 아랫부분을 위와 같이 6등분하여 각각 3cm 정도 벌린 후 곡선으로 그린다. 이때 위 소매의 Ⓐ선과 아래 소매의 Ⓑ의 곡선이 동일해야 하며 벌리는 양은 디자인에 따라 증감할 수 있다.

Tip 디자인에 따라 Ⓐ선과 Ⓑ의 곡선을 다양하게 변형, 적용하므로 여러 가지 모양을 연출할 수 있다.

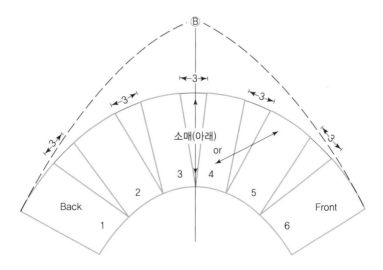

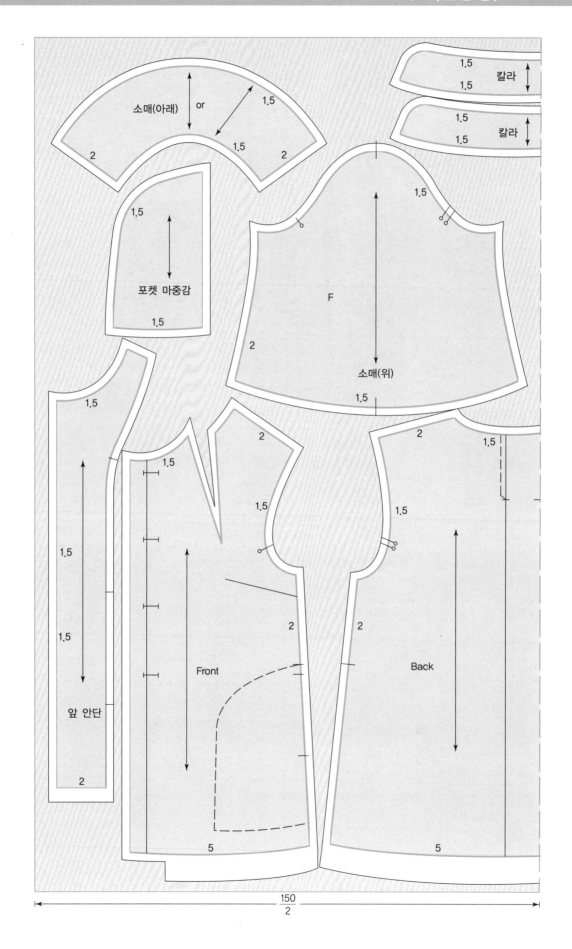

소매 안감은 소재와 착용자의 요구에 따라 생략할 수 있다.

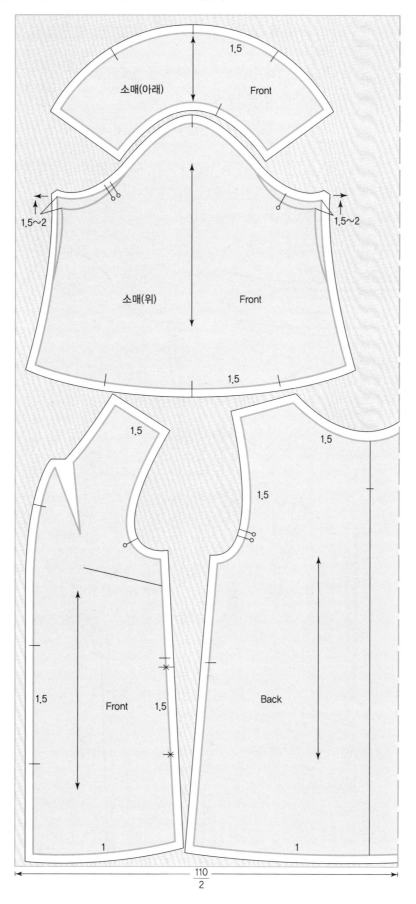

(1) 심지 부착

① **심지 식서 방향** : 앞판 전체, 안단(앞판, 뒤판), 칼라, 포켓 입구, 다트선 한쪽 등 심지가 당기거나 접히지 않도록 고르게 붙인다.

② **심지 바이어스 방향** : 소매 밑단, 겉감 밑단 및 뒤판 일부 등 인체의 특성에 적합하도록 바이어스를 이용하여 자연스러운 형태가 되도록 주의 깊게 붙인다.

(2) 테이핑 작업

심지 부착과 자리잡음이 끝난 후 칼라의 외곽선, 네크라인, 암홀라인, 앞중심선 등 식서 또는 바이어스 테이프 등 전용 테이프를 부위에 적합하게 사용하여 옷의 태를 살린다.

Tip 테이프는 가급적이면 식서 테이프를 사용하도록 한다.

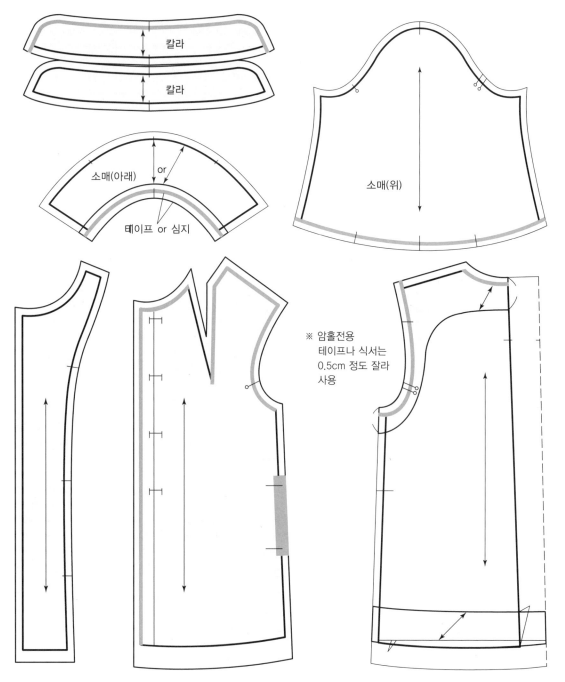

(1) 겉감 앞판 제작

① 준비된 앞판의 다트를 박고 시접을 위로 정리한 후 아웃스티치(장식박음)를 한다.

② 포켓 위치 입구에 심지(힘천)를 붙인다.

③ 착용 시 오른쪽에 위치하도록 입술단춧구멍(길이 2.5cm)을 디자인에 적합하게 제작한다.

(2) 겉감 뒤판 제작

① 준비된 뒤판의 중심선을 박고 인버티드 (맞)주름(10cm)을 잡는다.

② 중심선의 주름을 다림질하고 장식박음(0.5cm) 스티치를 한다.

겉감(뒤판)

(3) 겉감 앞판과 뒤판 연결

① 앞판, 뒤판의 어깨선과 옆선의 포켓 위치만 남기고 박은 후에 갈라 다림질한다.

② 앞판 포켓 입구는 아웃스티치하고 포켓감을 뒤판 시접과 연결한 후 앞판 쪽으로 넘겨 포켓 형태로 장식박음을 한다.

③ 밑단을 완성선대로 꺾어 다림질한 후 밑단 시접을 바이어스로 정리한다.

④ 바이어스로 정리된 밑단을 시침 고정 후 감침(공그르기)한다.

겉감(앞판과 뒤판) 연결

(4) 칼라 제작

① 디자인을 고려하여 겉 칼라의 겉과 안 칼라의 겉을 마주놓고 겉에서 봉제선이 보이지 않도록 완성선을 따라 박는다.

② 박아놓은 칼라 시접을 정리하고 칼라의 태를 잡는다.

(5) 소매 제작

① 소매산에 잔홈질을 하여 이즈(Ease)양을 잡는다. (목면사 사용)

② 소매의 위와 아래를 연결한 후 시접을 위로 하고 아웃스티치를 한다.

③ 소매 옆선 시접은 끝박음 후 가름솔로 처리한다.

④ 소매 밑단은 1cm 너비의 바이어스로 정리한다.

(6) 소매 달기

① 홈질된 소매를 오그림하여 소매와 몸판의 진동을 잘 맞추어 시침한 후 박는다.

② 박음질한 진동둘레의 시접을 정리한 후 안감으로 바이어스 처리한다.

(7) 안감 제작(안감 시접은 모아서 정리)

① **소매** : 소매는 안감을 넣지 않고 안감 암홀시접을 끝말아 박음 처리하는데, 겉감 암홀시접과 분리제작한다.(소매 안감은 소재나 착장자의 요구에 따라 넣어 제작할 수도 있다.)

② **앞판** : 다트를 박고 준비된 안단과 연결한다.

③ **뒤판** : 중심선을 박고 주름을 잡은 후 장식박음(0.5cm)을 한다.

④ 앞판, 뒤판의 어깨선과 옆선을 박고 암홀을 말아(끝) 박음한다.

⑤ 안감 밑단을 완성선에서 1.5~2cm 접어 올려 박는다.

(8) 겉감과 안감 합봉

① 겉감의 앞단과 안단을 칼라 붙임선까지 겉감에 여유를 두고 봉제선이 보이지 않도록 정확하게 박는다.

② 시접을 정리한 후 형태를 잡는다.

(9) 칼라 달기

① 몸판의 칼라 위치에 칼라를 정확히 맞추어 봉제한 후 시접을 정리한다.

② 봉제된 재킷의 형태를 잡은 후 칼라와 겉감, 안단을 속뜨기로 고정 시침한다.

③ 어깨(패드)와 겨드랑이의 겉감과 안감을 고정 시침한다.

④ 몸판 밑단은 겉감과 안감을 분리하여 처리한다.

⑤ 몸판 밑단의 겉감과 안감 옆선을 실루프(3~5cm)로 연결(고정)한다.

(10) 마무리(끝손질)

① 단춧구멍과 안단을 맞추어 정리한다.

② 실표뜨기와 시침실 등을 제거한 후 인체에 적합한 실루엣을 잡아 다림질하여 완성한다.

③ 단춧구멍 위치에 맞추어 단추를 단다.

완성된 앞판의 형태

칼라 확대도

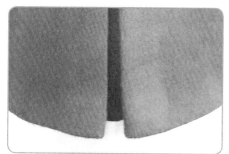

뒷중심 주름 형태

완성된 뒤판의 형태

하프롤 칼라
재킷

HARF ROLL COLLAR
JACKET

① 마름질(재단)되어 지급된 겉감의 부위별 시접을 정확하게 재정리한다.

② 표시는 실표뜨기로 한다.

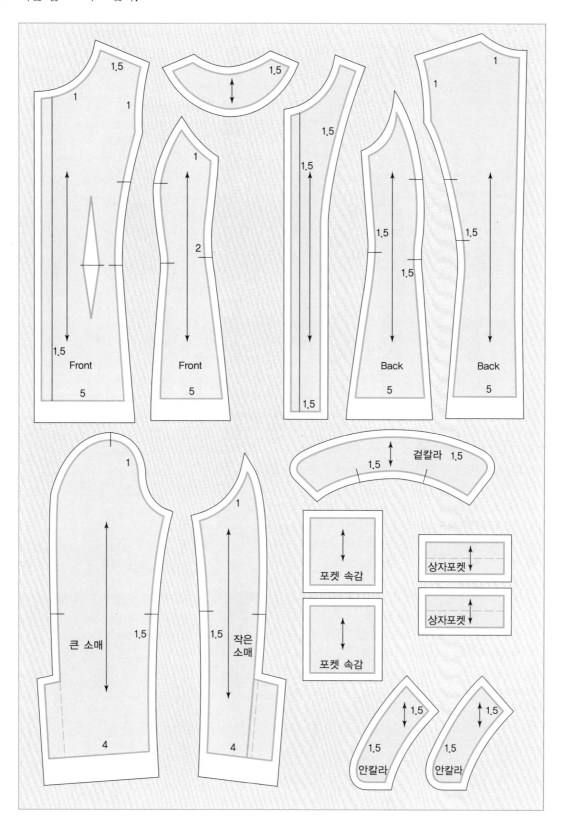

① 안감은 시접이 정리된 겉감을 놓고 재단한다.
② 시접은 겉감과 동일하되 밑단은 1cm만 남긴다.

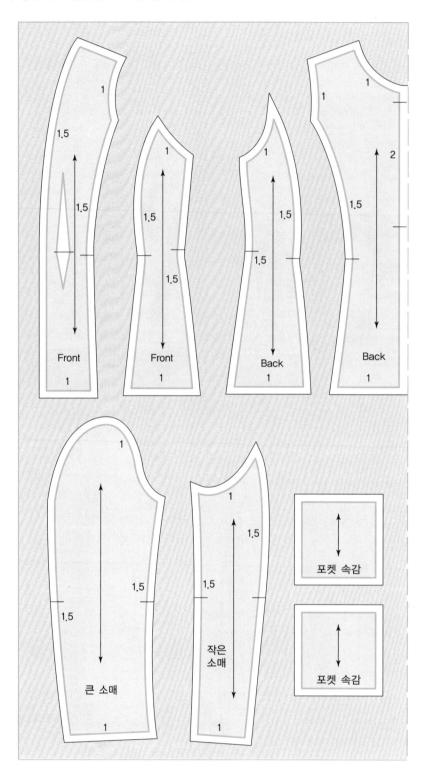

① 심지를 앞몸판 전체, 안단(앞판, 뒤판) 겉감 밑단, 소매 밑단, 안칼라, 상자포켓 등에 붙인다.
② 테이핑 처리를 앞중심, 네크라인, 암홀라인, 안칼라선에 한다.

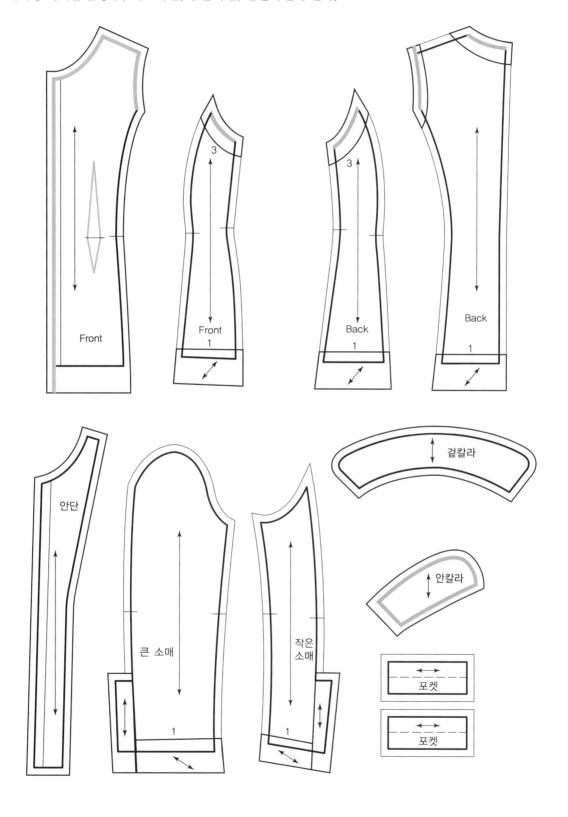

(1) 겉감 제작

① **앞판** : 다트와 프린세스라인을 박고 몸판에 상자포켓(웰트)을 제작한다.

② **뒤판** : 프린세스라인과 중심선을 박고 가름솔 처리를 한다.

③ 어깨선과 옆선을 연결한 후 가름솔 처리를 한다.

④ 밑단을 접어 다림질을 한다.

(2) 안감 제작

안감은 시접 쪽으로 0.2~0.3cm 정도 여유 있게 박고 완성선을 다린다.

① 소매산에 적당량의 이즈(Ease)양을 주고 옆선을 박는다.

② **앞판** : 다트와 프린세스라인을 박고 안단과 연결한다.

③ **뒤판** : 중심선과 프린세스라인을 박고 안단과 연결한다.

④ 어깨선과 옆선을 박아 앞판과 뒤판을 연결한다.

⑤ 몸판과 소매를 연결한다.

(3) 소매 제작

① 큰 소매와 작은 소매 솔기를 소매 트임분을 남기고 박는다.

② 소매산에 홈질로 이즈양을 잡아 큰 땀수로 박음질한다.

③ 소매 안 선을 박은 후 시접 처리한다.

④ 박음이나 홈질을 이용하여 이즈양을 오그림하여 형태를 만든다.

(4) 칼라 제작

겉칼라에 안칼라의 봉제선이 보이지 않도록 넘어가는 양(0.2cm 정도)을 고려하여 제작한다.

(5) 소매 달기

① 오그림한 소매와 몸판 진동을 잘 맞추어 시침질한 후 박는다.

② 밑단을 접어 다림질한다.

(6) 칼라 달기

완성된 겉감 칼라 위치에 몸판 겉과 칼라 뒷면을 마주 놓고 시침 고정한다.

(7) 겉감, 안감 합봉

① 앞단 시접은 계단식으로 정리한 후 형태를 잡는다.

② 몸판 칼라 위치에 칼라를 고정시켜 박은 후 시접정리를 한다.

③ 앞 안단과 안감 연결 부분 시접을 속뜨기 고정으로 형태를 만든다.

④ 어깨(패딩 후)와 겨드랑이를 고정한다.

⑤ 소매 밑단, 몸판 밑단의 겉감, 안감을 합봉한다.

(8) 단춧구멍 만들기

버튼 홀 스티치로 구멍의 가장자리 올이 풀리지 않도록 처리한다.

(9) 마무리(끝손질)

① 실표뜨기를 제거한 후 다림질로 형태를 완성한다.

② 단추를 단다.

완성된 앞판의 형태

칼라 확대도

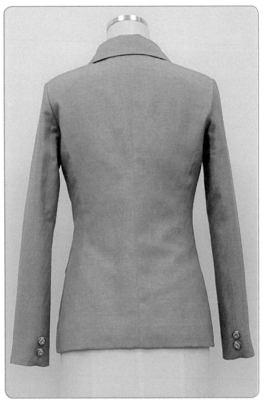

완성된 뒤판의 형태

페플럼(Peplum)이란 상의의 허리선에서 엉덩이부분에 붙여준 스커트 모양의 별도의 옷감을 말한다. 이 부분은 플리츠나 러플로 또는 플레어로 바꾸어 표현한 상의로서 여성스러운 부드러움을 더해준다.

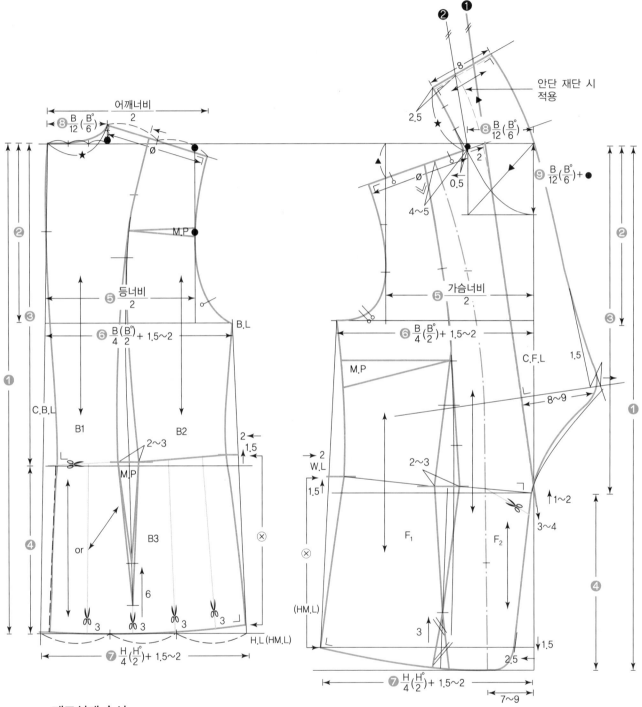

■ 제도설계 순서

뒤판(Back)		앞판(Front)	
❶ 상의길이 : 56	❺ 등너비	❶ 상의길이 + 차이치수	❺ 앞너비(가슴너비)
❷ 진동깊이(길이)	❻ B.L의 품치수	❷ 진동깊이(길이)	❻ B.L의 품치수
❸ 등길이	❼ H.L의 품치수	❸ 앞길이(등길이 + 차이치수)	❼ H.L의 품치수
❹ 엉덩이길이(H.L)	❽ 목둘레	❹ 엉덩이길이	❽ 목둘레

※ 상의길이를 제외한 각 부위별 적용치수는 221쪽 참조

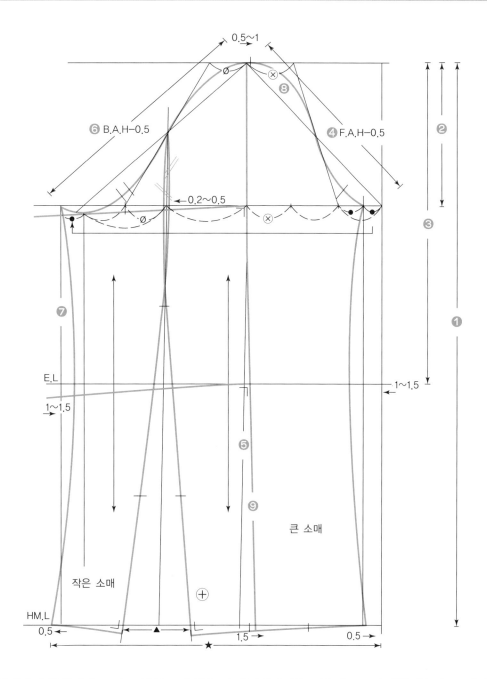

제도설계된 손목둘레가 ★이고 구하고자 하는 소매둘레가 25cm일 때, ★−소매둘레(25)=△이며, 설계된 손목둘레(★)에서 남는 양(△)을 빼면 구하고자 하는 소매둘레 25cm가 주어진다.

■ 제도설계에 필요한 치수

부위	산출방법	추정식	치수
소매길이(S.L)	인체 측정		58cm
팔꿈치길이(E.L)	인체 측정(추정식)	팔꿈치길이 인체 측정(추정식)	33cm
앞진동둘레(F.A.L)	보디스에서 측정(F)	$\dfrac{\text{소매길이}}{2} + 3\sim4\text{cm}$	22cm
뒤진동둘레(B.A.L)	보디스에서 측정(B)		23cm
소매단둘레(S.W)	소매단둘레(S.W)		24cm

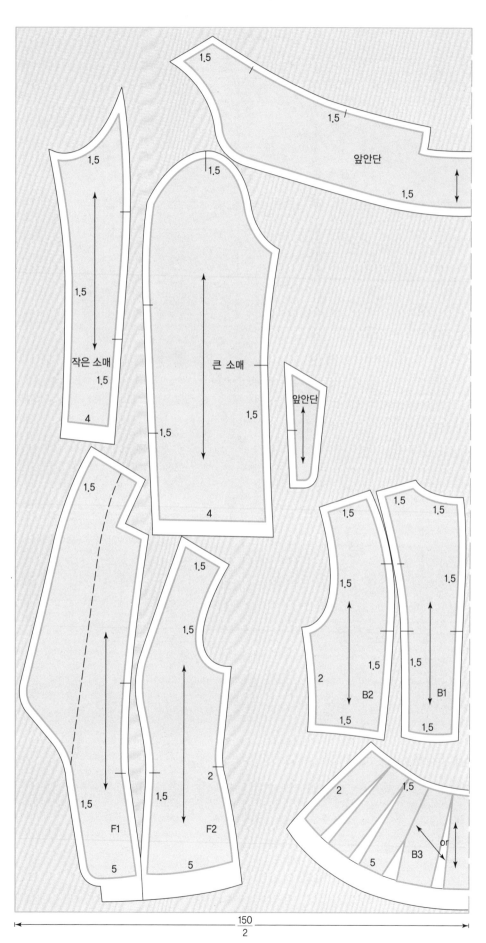

1.5

1.5

앞안단

1.5

1.5

1.5

작은 소매

1.5

4

큰 소매

1.5

1.5

앞안단

1.5

4

1.5

1.5

1.5

1.5

1.5

2

B2

1.5

1.5

1.5

1.5

B1

1.5

F1

1.5

F2

2

1.5

1.5

5

5

2

1.5

5

B3

or

150
2

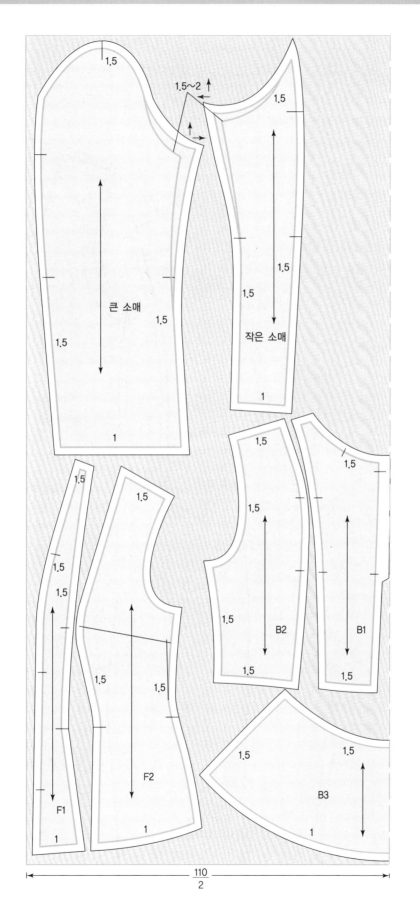

큰 소매

작은 소매

B2

B1

B3

F1

F2

1.5~2

$\frac{110}{2}$

※ 소재와 착장자의 요구에 따라
페플럼 안감을 생략하여 제작
할 수 있다.

(1) 심지 부착

① **심지 식서 방향** : 앞판 전체, 안단(앞판, 뒤판) 등 심지가 당기거나 접히지 않도록 고르게 붙인다.

② **심지 바이어스 방향** : 뒤판 일부, 소매 밑단, 겉감 밑단 등 인체의 특성에 적합하도록 바이어스를 사용하여 자연스러운 형태가 되도록 주의 깊게 붙인다.

(2) 테이핑 작업

심지 부착과 자리잡음이 끝난 후 칼라 외곽선, 칼라 꺾임선, 네크라인, 암홀라인, 앞중심선, 뒤판 허리선 등에 식서 또는 바이어스 테이프 등 전용테이프를 적합하게 사용하여 옷의 태를 살린다.

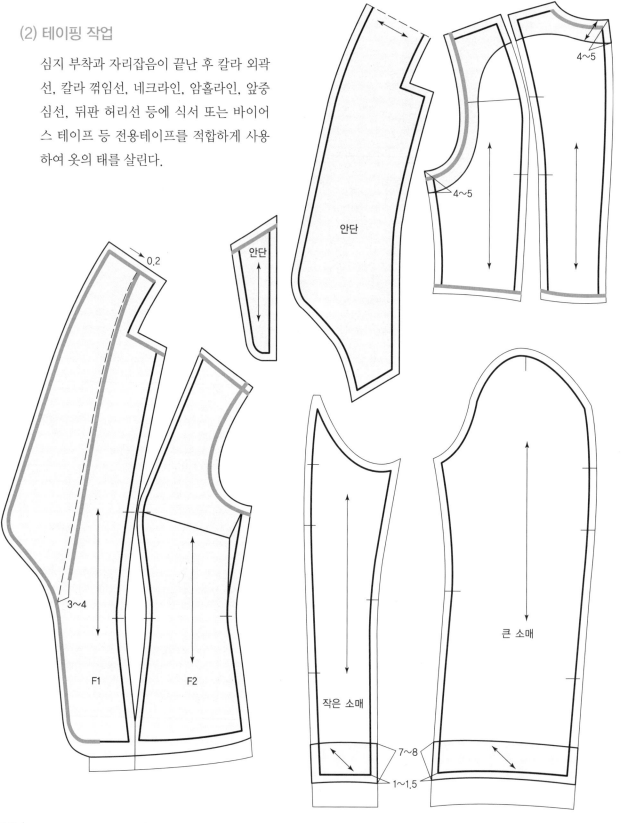

(1) 앞판 겉감 제작

준비된 앞판 프린세스(숄더) 라인을 연결한 후 시접을 갈라 다림질(정리)한다.

(2) 뒤판 겉감 제작

① 준비된 뒤판에 중심선과 프린세스(숄더) 라인을 박은 후 갈라 다림질한다.
② 뒤판 프린세스(숄더) 라인을 박고 정리된 윗부분과 아래 페플럼을 연결하여, 시접을 위로 모아 다림질한다.

(3) 겉감 앞판과 뒤판 연결

① 앞판과 뒤판의 어깨선과 옆선을 박고 시접은 정리한 후에 갈라 다림질한다.
② 칼라 중심선을 박고 뒷목선과 연결한 후 시접을 정리하여 갈라 다림질한다.
③ 밑단을 완성선대로 꺾어 다림질한다.
④ **자리잡음** : 다림질된 밑단을 바이어스 처리하여 감침(공그르기)을 한다.

(4) 소매 제작

① 큰 소매와 작은 소매, 뒷선을 박은 후 시접은 갈라 다림질한다.
② 소매 안선을 박고 시접을 갈라 다림질한다.
③ 소매산에 잔홈질하여 적당량의 이즈(Ease)를 잡는다.(목면사 사용)
④ 밑단을 완성선대로 접어 다림질한다.

(5) 소매 달기

① 홈질된 소매를 오그림하여 소매와 몸판의 진동을 잘 맞추어 시침한 후 박는다.
② 박음질된 진동 둘레의 시접을 정리한 후 슬리브 헤딩을 처리한다.

(6) 안감 제작

① **소매** : 재단된 안감 소매에 적당량의 여유를 주고 옆선을 박은 후 이즈를 잡는다.
② **앞판** : 프린세스(숄더) 라인을 박고 준비된 안단과 연결한다.
③ **뒤판** : 프린세스(숄더) 라인 윗부분만 제작(페플럼 제외)한다.(소재나 착장자의 요구에 따라 페플럼 안감 제작 가능)
④ 앞판과 뒤판의 어깨선과 옆선을 박은 후 소매를 연결한다.

Tip 소재와 착장자의 취향에 따라 몸판 전체의 안감 처리가 가능하여 겉감 밑단은 바이어스 처리하고 안감은 접어 박은 후 겉감과 안감을 분리 제작한다. 시접은 모아서 정리한다.

(7) 겉감과 안감 합봉

① 겉감의 앞중심선과 안단을 봉제선이 보이지 않도록 디자인을 고려하여 주의 깊게 박는다.

② 시접 정리 후 어슷시침으로 형태를 잡는다.

③ 봉제된 재킷의 형태를 잡으며 칼라와 겉감, 안단을 속뜨기로 고정 시침한다.

④ 어깨(패드)와 겨드랑이의 겉감과 안감을 고정 시침한다.

⑤ 소매 밑단과 몸판의 밑단을 합봉 처리한다.

⑥ 몸판 뒤판 안감은 허리선에서 합봉 처리한다.

⑦ 몸판 앞판 안감은 밑단에서 합봉 처리한다.

(8) 마무리(끝손질)

① 실표뜨기와 시침실 등을 제거한 후 인체에 적합한 형태가 되도록 다림질하면서 완성한다.

② 앞여밈에 걸고리를 달고 좌·우로 장식단추를 단다.

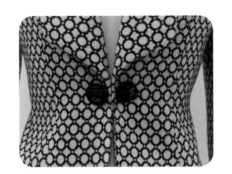

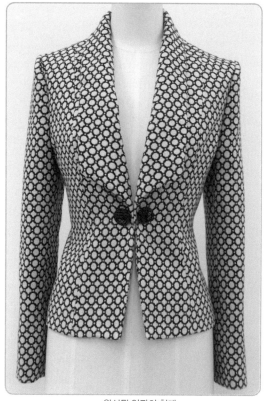

완성된 앞판의 형태

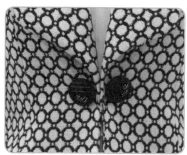

단추 위치 확대도

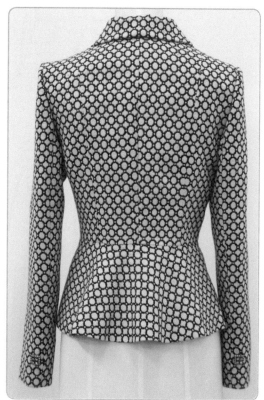

완성된 뒤판의 형태

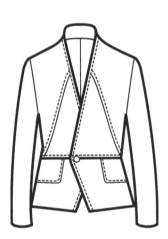

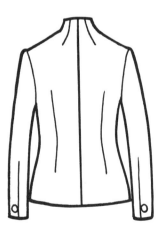

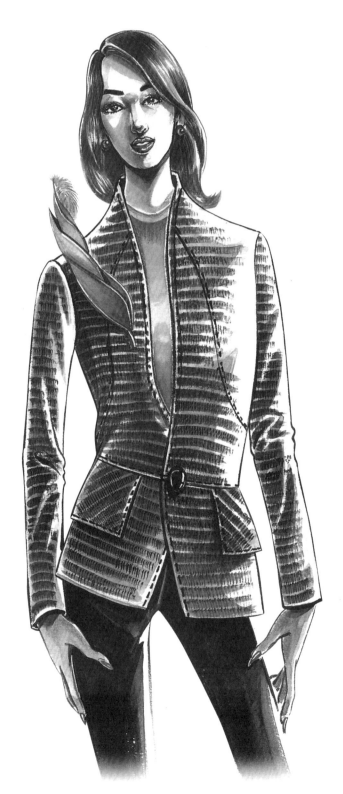

하이네크 칼라는 칼라를 몸판과 분리제작하지 않고 몸판에 연결하여 목선을 따라 맞추어 세운 칼라로, 단정하고 단아한 여성미를 더해주는 칼라의 일종이다.

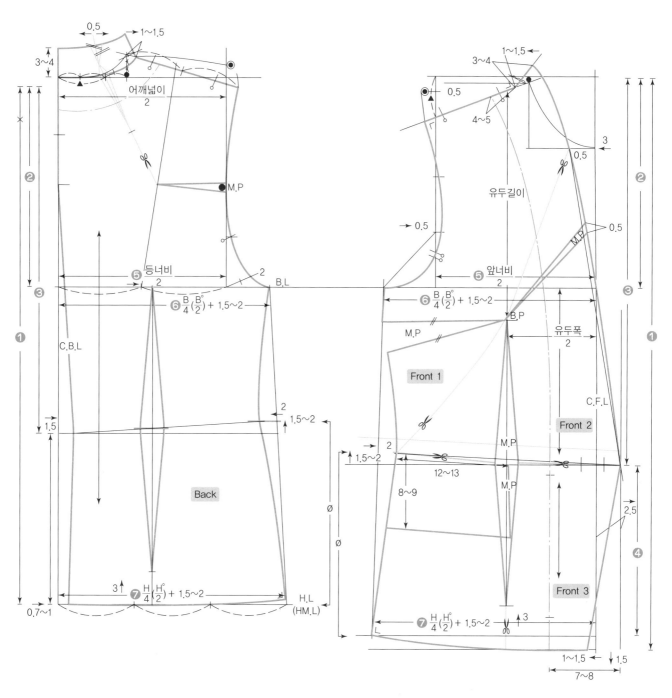

■ 제도설계 순서

뒤판(Back)		앞판(Front)	
❶ 상의길이 : 56	❺ 등너비	❶ 상의길이＋차이치수	❺ 앞너비(가슴너비)
❷ 진동깊이(길이)	❻ B.L의 품치수	❷ 진동깊이(길이)	❻ B.L의 품치수
❸ 등길이	❼ H.L의 품치수	❸ 앞길이(등길이＋차이치수)	❼ H.L의 품치수
❹ 엉덩이길이(H.L)	❽ 목둘레	❹ 엉덩이길이	❽ 목둘레

※ 상의길이를 제외한 각 부위별 적용치수는 221쪽 참조

■ **뒤판 목선각도 설정**

① S.N.P에서 어깨선과 직각을 그린 후 각 이등분
하여 꼭짓점과 이등분점을 직선 연결한다.

② 네크라인의 각을 설정한 후 디자인에 따른 칼라
높이를 그려준다.

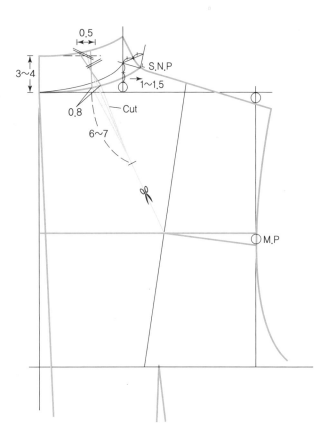

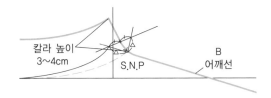

■ **앞판 목선각도 설정**

① S.N.P에서 어깨선과 직각을 그린 후 각 삼등
분하여 꼭짓점과 삼등분점을 연결한다.

② 네크라인의 각을 설정한 후 디자인에 따른 칼
라 높이를 그려준다.

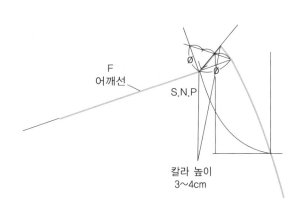

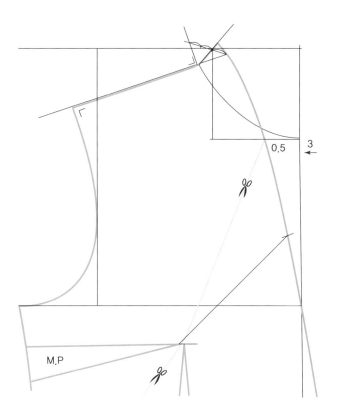

■ **뒤판 목선 각도 설정**

뒤판 목선 다트 길이는 목선에서 6~7cm 정도 아래로 설정한다.

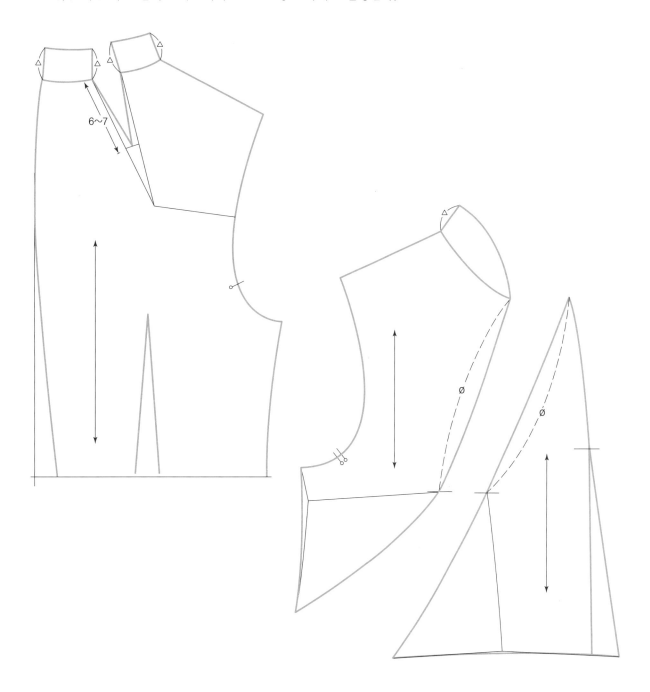

■ **앞판 목선 각도 설정**

앞판의 라인은 목선에서 허리선까지 B.P점을 지난 사선 라인이 형성된다.

세트 인 슬리브(Set－In Sleeve)로서 디자인에 따른 밑다트 한 장 소매이다. 몸판과 분리제도설계된 슬리브로서 팔의 형태에 따라 변형 없는 슬림한 소매 형태이다.

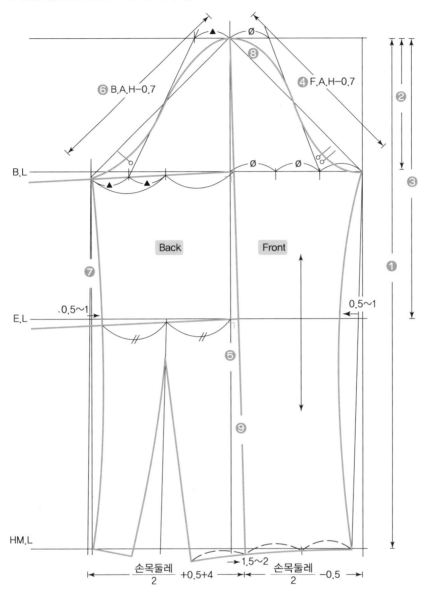

- ■ 제도설계 순서

  ❶ 소매길이 : 58cm

  ❷ 소매산 : $\dfrac{A.H(F.A.H+B.A.H)}{3}+1cm$

  ❸ 팔꿈치선(E.L) : $\dfrac{소매길이}{2}+3\sim4cm$

  ❹ F.A.H : 0.7cm

  ❺ 중심선 내려긋기

  ❻ B.A.H : 0.7cm

  ❼ 소매안선

  ❽ 소매산 곡선 그리기

  ❾ 중심선 이동

- ■ 적용치수

  A.H(F.A.H, B.A.H)

  소매길이 : 58cm

  소매단 둘레 : 25cm

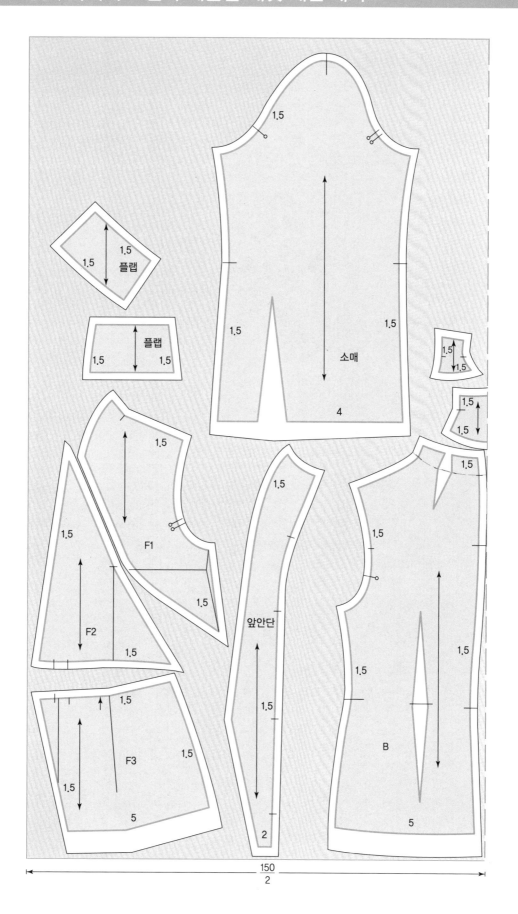

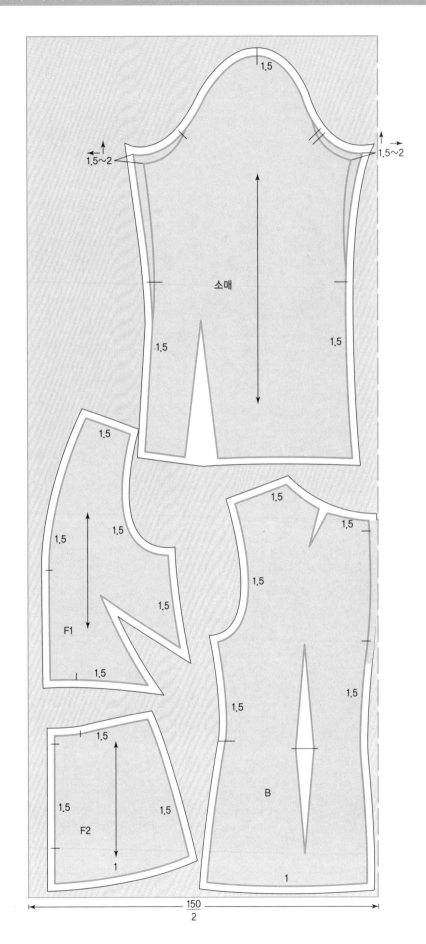

소매

F1

F2

B

$$\frac{150}{2}$$

(1) 심지 부착

① **심지 식서 방향** : 앞판 전체, 안단(앞판, 뒤판), 뒤판 칼라 등에 심지가 당기거나 접히지 않도록 고르게 붙인다.

② **심지 바이어스 방향** : 플랩 안쪽, 소매 밑단, 몸판, 밑단 등 인체의 특성을 고려하여 적합하도록 바이어스를 사용하여 자연스러운 형태가 되도록 주의 깊게 붙인다.

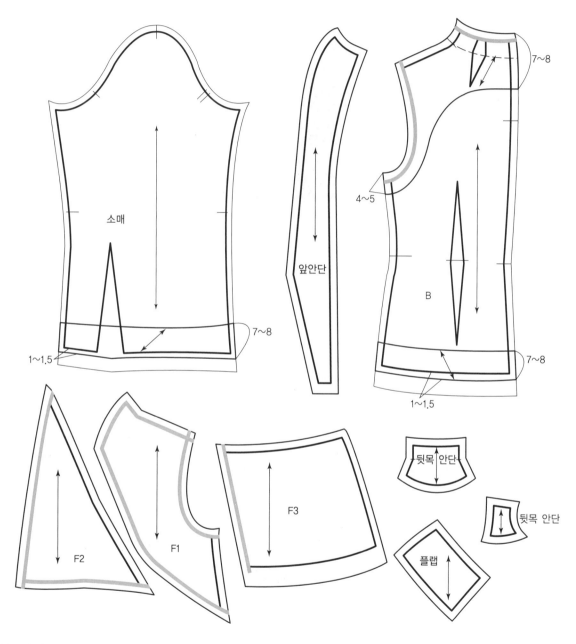

(2) 테이핑 처리

심지 부착과 자리잡음이 끝난 후 칼라 외곽선, 암홀라인, 앞중심선, 앞판 크로스라인 등에 식서 또는 바이어스 테이프 등 전용 테이프를 적합하게 사용하여 옷의 태를 살린다.

(1) 겉감 제작

1) 앞판

① 준비된 앞판 크로스라인을 연결한 후 시접을 위로 모아 장식박음질(0.3cm) 한다.

② 플랩(Flap)은 인체의 특성을 고려하여 제작한 후 아웃스티치를 한다.

③ 완성된 몸판 윗부분과 플랩(Flap)을 끼워 페플럼을 연결한다.

④ 페플럼과 윗부분 연결 시 단춧구멍(2.5cm) 위치만 남기고 박아준다.(트임 단춧구멍 형태)

⑤ 시접을 위로 모은 후 장식박음질(0.3cm)한다.

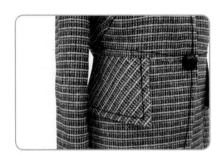

2) 뒤판

① 준비된 뒤판 다트(Dart)를 박은 후 시접을 정리한다.(중심 쪽으로 모음)

② 중심선을 박음질한 후, 시접은 갈라 다림질한다.

(2) 겉감 앞판과 뒤판 연결

① 앞판과 뒤판의 어깨선과 옆선을 박고 시접을 갈라 다림질한다.

② 밑단을 완성선대로 꺾어 다림질한다.

(3) 소매 제작

① 소매 밑 다트를 박고 시접을 박은 후 갈라 다리고 끝박음한다.

② 소매산에 잔홈질하여 적당량의 이즈(Ease)를 잡는다.(목면사 사용)

③ 밑단을 완성선대로 접어 다림질한다.

④ 밑단은 바이어스 정리 후 감침(공그르기)을 한다.

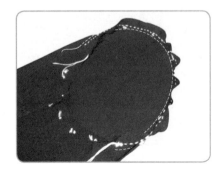

(4) 소매 달기

① 홈질된 소매를 오그림하여 소매와 몸판의 진동을 잘 맞추어 시침한 후 박는다.

② 박음질된 진동둘레의 시접을 바이어스 처리한다.

(5) 안감 제작

① **소매** : 소매는 안감 없이 암홀을 말아서 박음한다.(겉감과 분리 제작)

② **앞판** : 크로스라인을 박고 페플럼을 연결한 후 준비된 안단과 연결한다.

③ **뒤판** : 중심선과 다트를 박고 준비된 안단과 연결한다.

④ 앞판, 뒤판의 어깨선과 옆선을 박은 후 암홀 시접을 말아 박음한다.

Tip 안감 시접은 모아서 정리한다.

(6) 겉감과 안감 합봉

① 겉감의 앞숭심선과 안단은 디자인을 고려하며 봉제선이 보이지 않도록 주의 깊게 박는다.

② 시접을 정리한 후 어슷 시침으로 형태를 잡는다.

③ 봉제된 재킷의 형태를 잡으며 겉감과 안단을 속뜨기로 고정 시침한다.

④ 어깨(패드)와 겨드랑이의 겉감과 안감을 고정 시침한다.

⑤ 겉감과 몸판의 밑단을 안감과 합봉 처리한다.

(7) 마무리(끝손질)

① 허리선 연결 시 남겨두었던 단춧구멍을 이용, 안단을 단춧구멍 처리한다.

② 실표뜨기와 시침실 등을 제거한 후 인체에 적합한 형태가 되도록 다림질로 정리하면서 완성한다.

③ 단춧구멍 위치에 맞추어 단추를 단다.

완성된 앞판의 형태

칼라 확대도

포켓 확대도

완성된 뒤판의 형태

피크드 라펠
칼라 재킷
PEAKED LAPEL COLLAR
JACKET

남성복 정장 재킷의 딱딱한 느낌의 재킷에 여성스러움을 적용, 재킷 중에서 가장 기본적인 형태로 라펠 끝이 새의 깃처럼 뾰족하여 샤프한 느낌을 더해준다.

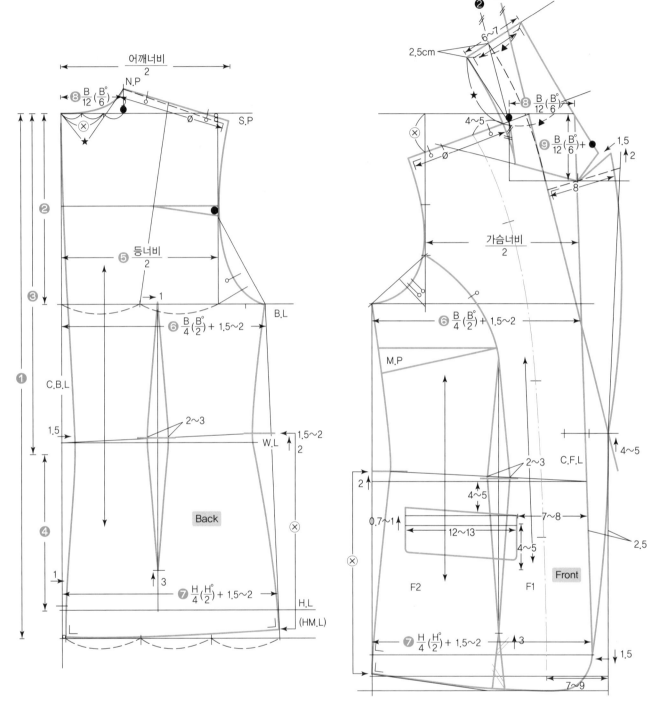

■ 제도설계 순서

뒤판(Back)		앞판(Front)	
❶ 상의길이 : 58	❺ 등너비	❶ 상의길이 + 차이치수	❺ 앞너비(가슴너비)
❷ 진동깊이(길이)	❻ B.L의 품치수	❷ 진동깊이(길이)	❻ B.L의 품치수
❸ 등길이	❼ H.L의 품치수	❸ 앞길이(등길이 + 차이치수)	❼ H.L의 품치수
❹ 엉덩이길이(H.L)	❽ 목둘레	❹ 엉덩이길이	❽ 목둘레

※ 상의길이를 제외한 각 부위별 적용치수는 221쪽 참조

(1) 확대도

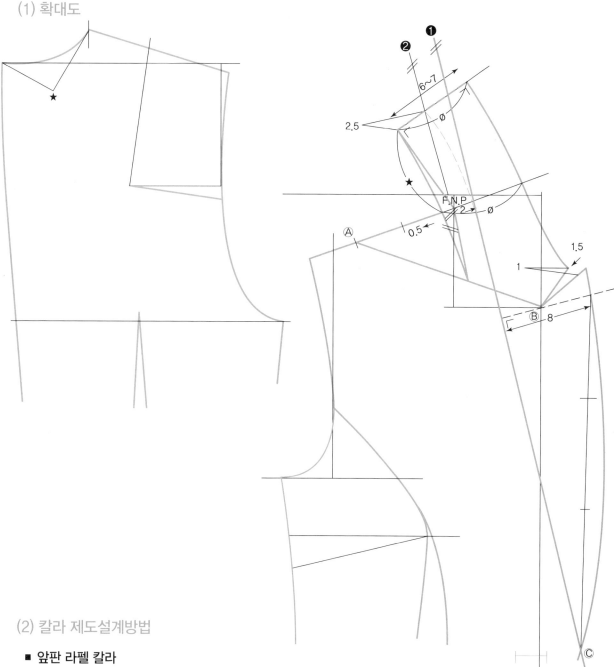

(2) 칼라 제도설계방법

■ **앞판 라펠 칼라**

① B.N(★) 치수 확인

② F.N.P에서 2cm를 나간 후 Lapel Line(❶)을 설정한다.

③ 넥포인트(N.P)에서 2cm 떨어진 Lapel Line과 평행하게 직선을 긋는다(❷).

④ 라펠 칼라의 기울기는 앞중심 목점과 어깨선의 점을 연결한 선으로 정한다(Ⓐ).

⑤ N.P에서 ❷선에 B.N 치수를 적용한다.

⑥ ❷선과 직각을 이루면서(2.5cm) B.N 치수를 놓고 칼라 너비(6~7cm)를 적용, 칼라를 그린다.

⑦ 뒤칼라 너비는 6~7cm를 적용하면서 반드시 직각을 이루도록 한다.

⑧ 앞판 라펠칼라 너비는 Lapel Line에서 직각을 이루면서 8cm가 되도록 적용한다. (Ⓑ)

⑨ Ⓑ점과 Ⓒ점에 약간의 곡선이 이루어지도록 선으로 긋는다.

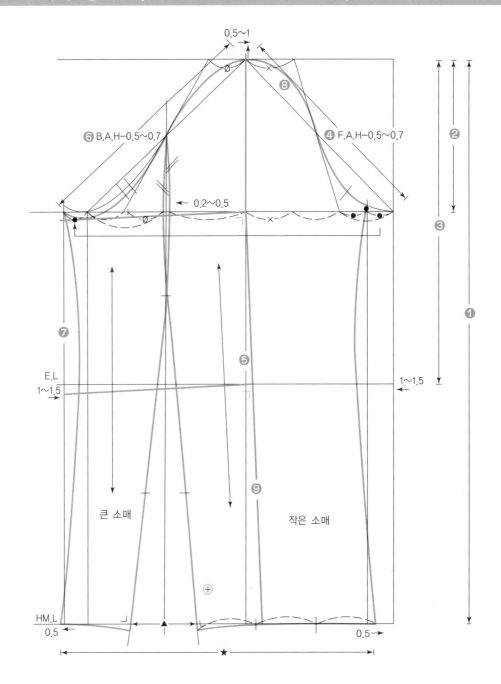

제도설계된 손목둘레가 ★이고 구하고자 하는 소매둘레가 25cm일 때 ★−소매둘레(26)=△(남는 양)이며, 설계된 손목둘레(★)에서 남는 양(△)을 빼면 구하고자 하는 소매둘레 25cm가 주어진다.

■ **제도설계에 필요한 치수**

부위	산출방법	추정식	치수
소매길이(S.L)	인체측정		58cm
팔꿈치길이(E.L)	인체측정(추정식)	팔꿈치길이 인체측정(추정식)	33cm
앞진동둘레(F.A.L)	보디스에서 측정(F)	$\dfrac{소매길이}{2}$ + 3~4cm	22cm
뒤진동둘레(B.A.L)	보디스에서 측정(B)		23cm
소매단둘레(S.W)	인체측정(추정식)		25cm

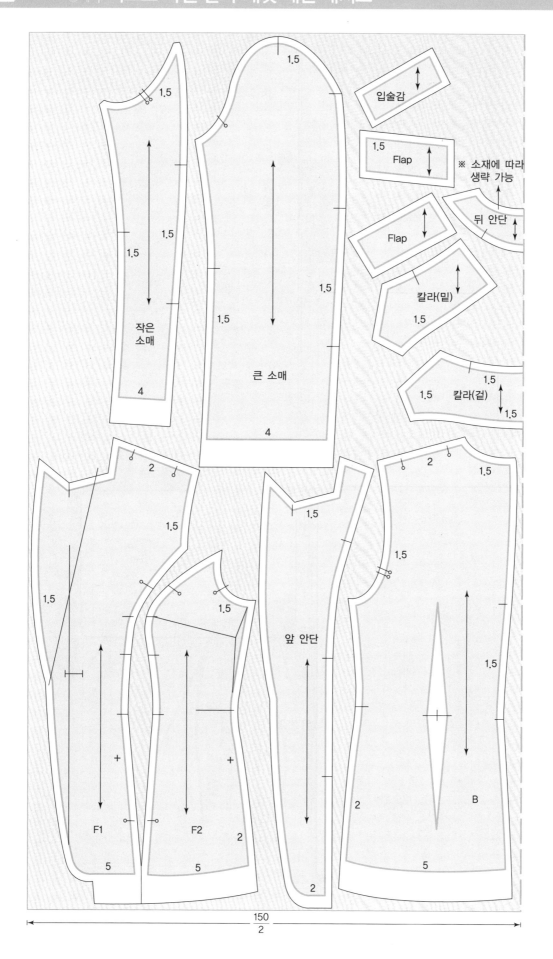

입술감

1.5
Flap

※ 소재에 따라
생략 가능

Flap

뒤 안단

칼라(밑)
1.5

1.5

칼라(겉)
1.5
1.5

1.5

1.5

1.5

1.5
작은
소매
4

1.5

1.5

큰 소매
4

1.5

2

1.5

2

1.5

1.5

1.5

1.5

1.5

1.5

1.5

앞 안단

1.5

+

+

B

2

F1

F2
2

2

5

5

2

5

150
2

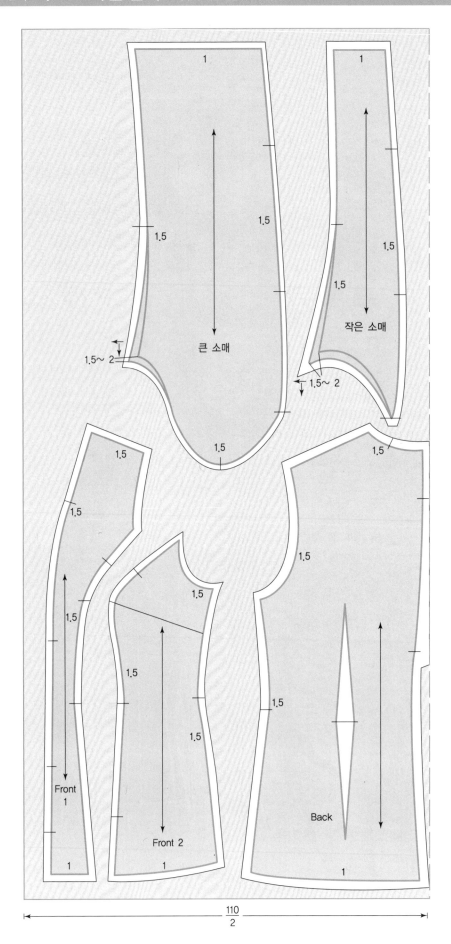

1

1

1.5

1.5

1.5

1.5

1.5

큰 소매

1.5~ 2

작은 소매

1.5~ 2

1.5

1.5

1.5

1.5

1.5

1.5

1.5

1.5

1.5

1.5

1.5

Front 1

1

Front 2

1

Back

1

$$\frac{110}{2}$$

(1) 심지 부착

① **심지 식서 방향** : 앞판 전체, 안단(앞판, 뒤판) 등 심지가 당기거나 접히지 않도록 겉감과 동일하게 재단하여 고르게 붙인다.

② **심지 바이어스 방향** : 안칼라, 플랩 안쪽, 입술감, 뒤판 일부, 소매 밑단, 겉감 밑단 등 인체의 특성에 적합하도록 바이어스를 사용하여 자연스러운 형태가 되도록 주의 깊게 붙인다.

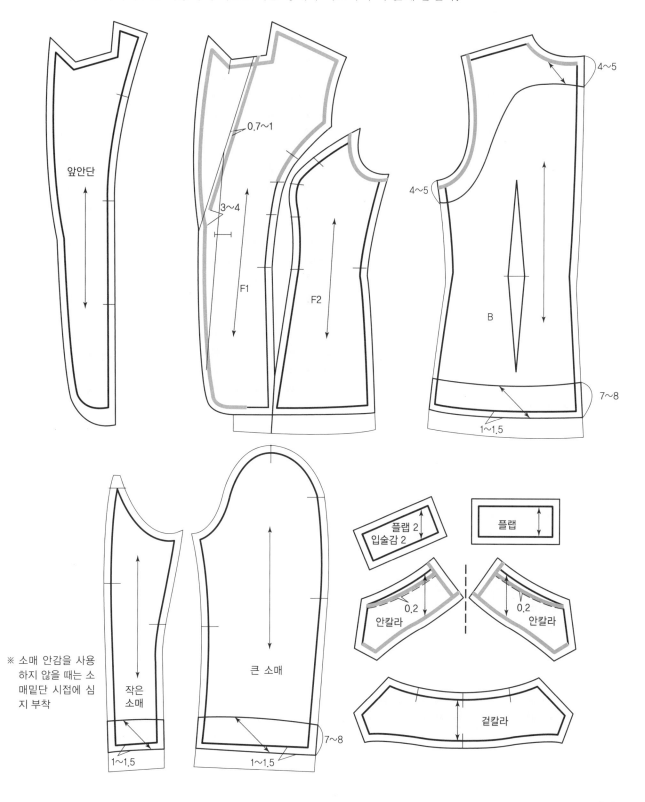

(2) 테이핑 처리

심지 부착과 자리잡음이 끝난 후 칼라 외곽선, 칼라 꺾임선, 네크라인, 암홀라인, 앞중심선 등에 식서 또는 바이어스 테이프 등 전용테이프를 적합하게 사용하여 봉제성을 높이고 옷의 태를 살린다.

■ SECTION 07 | 피크드 라펠 칼라 재킷 제작(봉제)

(1) 겉감 제작

1) 앞판

① 준비된 앞판 프린세스(암홀) 라인을 연결 후 시접을 갈라 다림질한다.
② 라인이 연결된 앞판 포켓 위치에 힘천(심지)을 붙인다.
③ 플랩(Flap)은 인체의 특성을 고려하여 자연스러운 형태가 되도록 주의 깊게 제작한다.
④ 준비된 플랩(Flap)을 이용하여 장식(or 사용할 수 있도록) 포켓을 제작한다.
⑤ 단춧구멍은 입술(2.5cm 길이)단춧구멍으로 제작하거나 버튼홀스티치로 제작한다.

2) 뒤판

준비된 뒤판 중심선과 다트를 박은 후 중심선 시접은 갈라 다림질하고 다트는 중심 쪽으로 모아 다림질한다.

(2) 겉감 앞판과 뒤판 연결

① 앞판과 뒤판의 어깨선과 옆선을 박고 시접은 갈라 다림질한다.
② 밑단을 완성선대로 꺾어 다림질한다.

(3) 칼라 제작

준비된 겉감으로 칼라의 넘어가는 양을 고려하여 겉에서 봉제선이 보이지 않도록 겉 칼라에 적당량의 여유를 주고 안칼라와 잘 맞추어 제작한다.

(4) 소매 제작

① 큰 소매와 작은 소매 뒷선을 박은 후 시접을 끝박음하여 갈라 다림질한다.
② 소매 안선을 박고 시접을 끝박음하여 갈라 다림질한다.
③ 소매산에 적당량의 잔홈질을 하여 이즈(Ease)를 잡는다.(목면사 사용)
④ 밑단을 완성선대로 접어 다림질한 후 안감으로 바이어스 처리한다.
⑤ 밑단을 감침(공그르기)한다.

(5) 소매 달기

① 홈질된 소매를 오그림하여 소매와 몸판의 진동을 잘 맞추어 시침한 후 박는다.
② 진동둘레의 시접을 안감으로 바이어스 처리한다.

(6) 안감 제작

① **소매** : 소매 안감 없이 암홀시접은 말아 박는다.

    (소재나 착장자의 요구에 따라 소매 안감을 넣고 제작한다.)

② **앞판** : 프린세스(암홀) 라인을 박고 준비된 안단과 연결한다.

③ **뒤판** : 중심선과 다트를 박고 준비된 안단과 연결한다.

④ 앞판과 뒤판의 어깨선과 옆선을 박은 후 암홀시접은 말아 박는다.

(7) 겉감과 안감 합봉

① 겉감의 앞중심선과 안단을 칼라 붙임선까지 디자인을 고려하여 봉제선이 보이지 않도록 주의 깊게 박는다.

② 시접을 정리한 후 형태를 잡는다.

(8) 칼라 달기

① 몸판의 칼라 위치와 만들어진 칼라를 정확히 맞추어 봉제한 후 시접을 정리한다.

② 봉제된 재킷의 형태를 잡은 후 칼라와 겉감, 안단을 속뜨기로 고정 시침한다.

③ 어깨(패드)와 겨드랑이의 겉감과 안감을 고정 시침한다.

④ 소매 밑단과 몸판의 밑단을 합봉 처리한다.

(9) 마무리(끝손질)

① 단춧구멍은 입술단춧구멍(2.5cm 길이)으로 제작된 것을 안단과 합봉하거나 버튼홀스티치로 정리한다.

② 실표뜨기와 시침실 등을 제거한 후 인체에 적합한 형태로 다림질하면서 완성한다.

③ 단추를 단다.

완성된 앞판의 형태

칼라 확대도

완성된 뒤판의 형태

테일러드
재킷
TAILORED JACKET

① 마름질(재단)된 겉감의 부위별 시접을 적당량 남기고 정확하게 재정리한다.
② 표시는 실표뜨기로 한다.

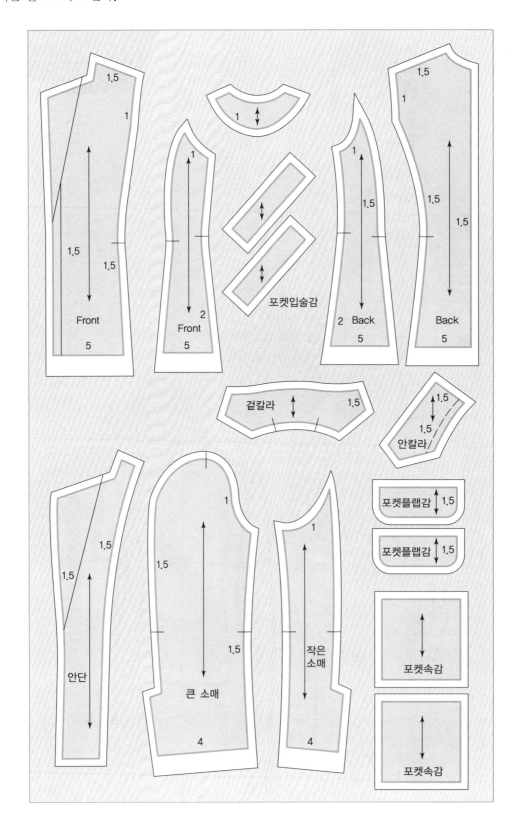

① 안감은 시접이 정리된 겉감을 놓고 재단한다.

② 밑단만 1cm 시접을 남긴다.

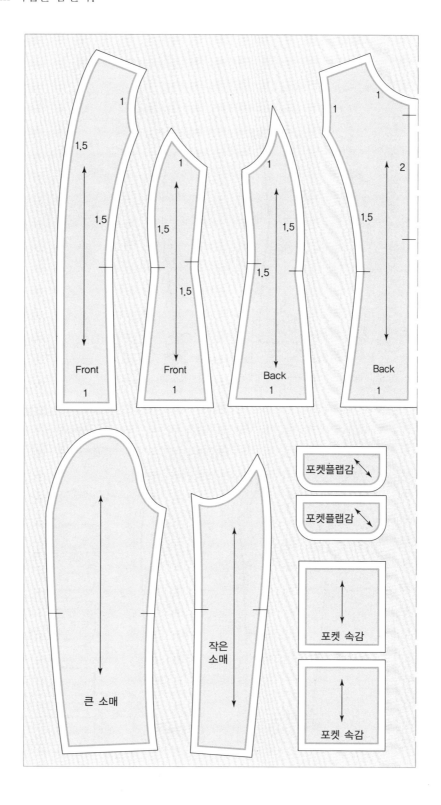

① **심지 부착** : 앞판 전체, 안단(앞판, 뒤판) 겉감 밑단, 안칼라, 플랩 안쪽, 입술감, 소매밑단 등

② **테이핑 처리** : 칼라 꺾임선, 안칼라선, 네크라인, 암홀라인, 앞 중심선 등

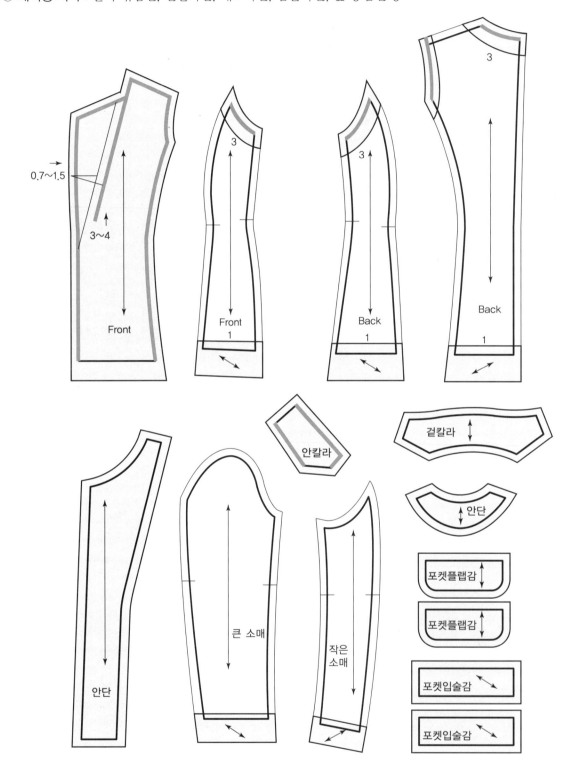

(1) 겉감 제작

① 앞판 : 프린세스라인을 박은 후 몸판에 포켓을 제작한다.

② 뒤판 : 중심선과 프린세스라인을 박은 후 시접을 다림질한다.

(2) 안감 제작

① 소매 : 소매산에 적당량의 이즈(Ease)를 잡아 박은 후 옆선을 박는다.

② 앞판 : 프린세스 라인을 박고 안단과 연결한다.

③ 뒤판 : 프린세스라인과 중심선을 박고 안단과 연결한다.

④ 앞판, 뒤판 어깨선과 옆선을 연결한 후 소매를 단다.

(3) 플랩 제작

인체의 둥근 특성에 맞게 자연스러운 형태가 되도록 주의 깊게 제작한다.

(4) 칼라 제작

겉에서 봉제선이 보이지 않도록 넘어가는 양을 고려하여 겉칼라, 안칼라를 잘 맞추어 제작한다.

(5) 소매 제작

① 큰 소매와 작은 소매를 소매 트임분을 남기고 박는다.

② 소매 안선을 박은 후 시접 처리한다.

③ 소매산에 적당량의 이즈를 잡는다.

④ 밑단을 접어 다림질한다.

(6) 소매 달기

오그림한 소매와 몸판 진동을 잘 맞추어 시침한 후 박는다.

(7) 칼라 달기

겉칼라가 봉제선이 보이지 않도록 적당량(0.2cm)을 두고 제작한다.

(8) 겉감, 안감 합봉

① 앞단의 겉감과 안단을 칼라 붙임선까지 박는다.

② 만들어진 칼라를 몸판과 연결한다.

③ 시접 정리 후 형태를 고른다.

(9) 몸판과 칼라 연결

① 몸판의 칼라 위치에 정확히 칼라를 봉제한 후 시접 정리를 한다.

② 형태를 고른 후 칼라와 겉감과 안단을 속뜨기로 고정한다.

③ 어깨(패딩 후)와 겨드랑이(겉감, 안감)를 고정한다.

④ 소매 밑단, 몸판 밑단을 합봉한다.

(10) 마무리(끝손질)

① 실표뜨기를 제거한 후 입체감을 주며 다림질로 형태를 완성한다.

② 단춧구멍은 버튼홀스티치로 만든다.

③ 단추를 단다.

완성된 앞판의 형태

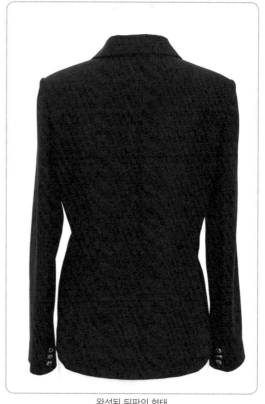

완성된 뒤판의 형태

마름질(재단)되어 지급된 겉감의 부위별로 적당량의 시접을 남기고 정확하게 재정리한다.

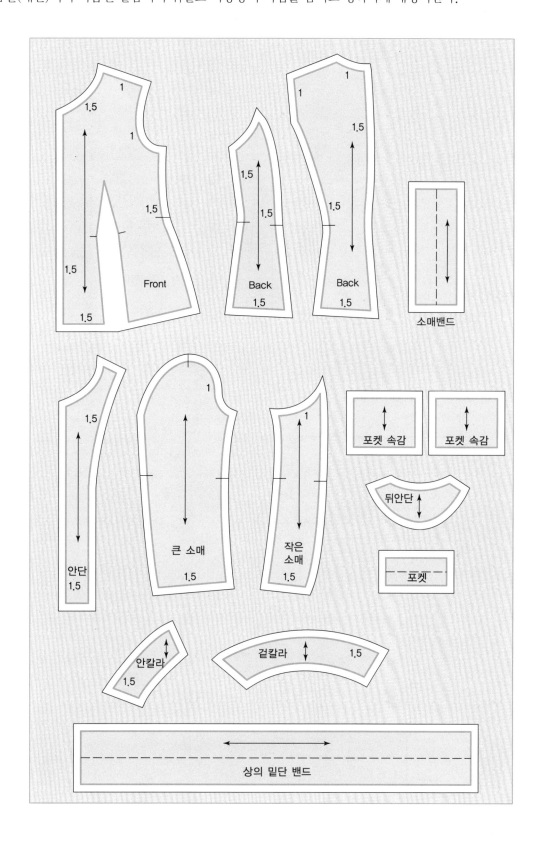

안감은 시접이 정리된 겉감을 위에 놓고 재단한다.

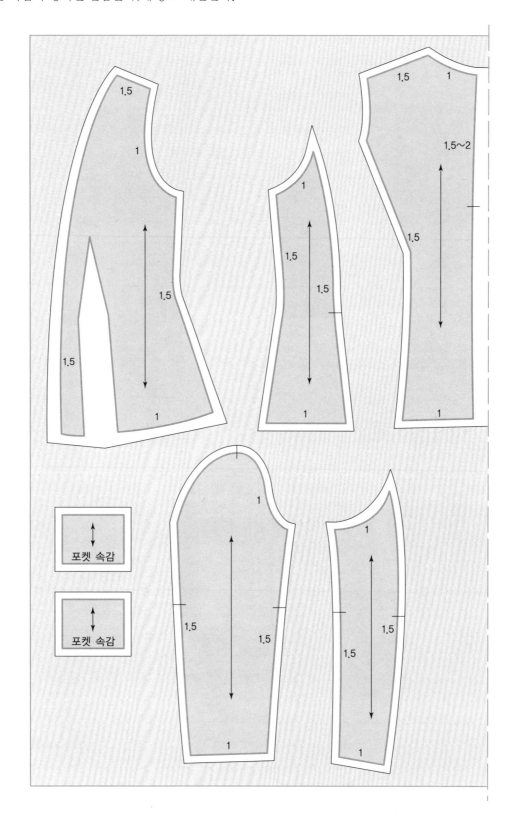

① **심지 부착** : 안단(앞, 뒤), 안칼라, 소매밴드, 허리밴드 등

② **테이핑 처리** : 앞단선, 네크라인, 암홀라인, 안칼라선 등

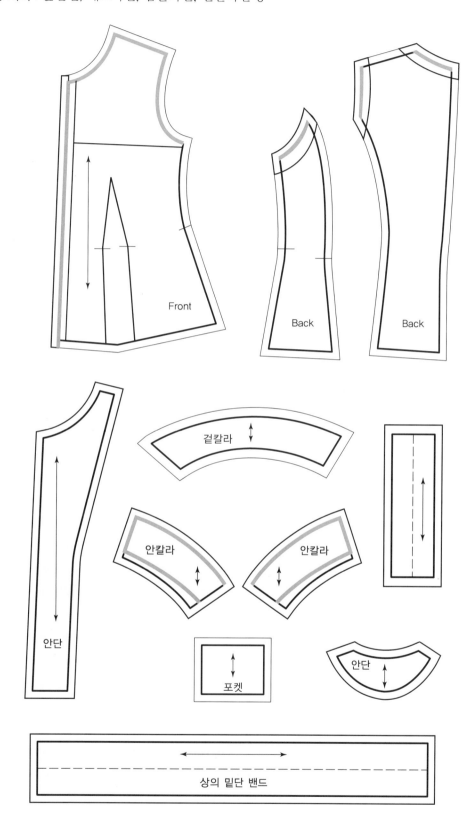

(1) 겉감 제작

① **앞판** : 다트를 박고 몸판에 포켓을 단다.
② **뒤판** : 프린세스라인과 중심선을 박고 중심선에 상침한다.
③ 어깨선과 옆선을 박고 가름솔한다.

(2) 안감 제작

① **앞판** : 다트를 박고 안단과 연결한다.
② **뒤판** : 프린세스라인과 중심선을 박고 안단과 연결한다.

(3) 소매 제작

① 큰 소매와 작은 소매 솔기를 소매 트임분을 남기고 박는다.
② 소매산에 적당량의 이즈(Ease)를 잡는다.
③ 소매 안선을 박은 후 커프스를 단다.

(4) 칼라 제작

겉칼라에서 안칼라와의 봉제선이 보이지 않도록 여유량을 고려하여 제작한다.

(5) 소매 달기

소매산의 이즈양을 고려하여 몸판 소매와 연결한다.

(6) 칼라 달기

① 몸판 칼라 위치에 칼라를 고정시킨 후 박음질한다.
② 시접 정리 및 형태를 잡은 후에 속뜨기로 속고정한다.

(7) 겉감, 안감 합봉

① 겉감과 안감의 앞단을 연결한다.
② 시접 정리 및 다림질로 형태를 잡는다.

(8) 몸판과 허리밴드 연결

겉감과 안감의 허리선을 고정 시침한다.(안감 여유)

(9) 마무리(끝손질)

① 실표뜨기를 제거한 후 다림질로 형태를 완성한다.
② 단춧구멍은 버튼홀스티치로 만든다.
③ 단추를 단다.

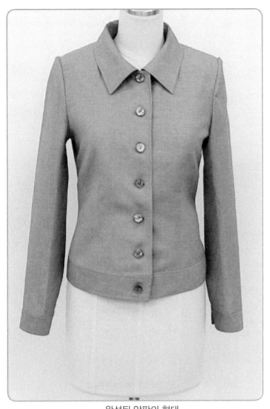

완성된 앞판의 형태

칼라 확대도

단추 확대도

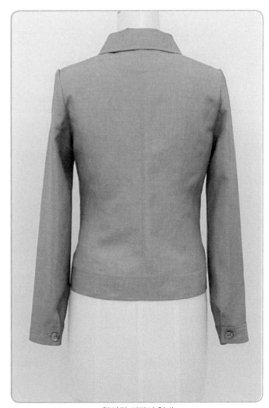

완성된 뒤판의 형태

■ 제품 부위 명칭

표제어	대응외국어	표준동의어
가다(가타)	Shoulder	어깨
가다마이(카타마에)	Single Breasted Jacket	싱글 재킷, 싱글 여밈
가자리	Decoration	장식
겐볼(겐보로)	Shirts Sleeve Placket	셔츠소매트임
고마데(코마타)	Crotch	샅
고시(코시)	Stiffness	빳빳함
고시우라(코시우라)	Waist Band Lining	허리안감
구찌(구치)	Opening	(소매, 바지) 부리
나나인치 (나나이치)	Shirts Button Hole	셔츠단춧구멍
나시	Sleeveless	민소매
네무리아나	Imitation Button Hole	장식단춧구멍
타마부치	Bias Binding, Piping	감싼시접
다이바	Facing Tack	안단 연결 감
단작(탄자쿠)	Placket	덧단반트임
댕고(텐쿠)	Fly Front	플라이 프론트
댕고우라	Fly Front Lining	플라이 프론트 안감
료마이(료마에)	Double Breasted Jacket	더블 브레스트 재킷
마다가미(마타가미)	Body Rise	밑위길이
마다시다(마타시타, 인심)	Inseam	바지 밑 아래 솔기
마에(마이)	Jacket	재킷
마에다대(마에다테)	Placket	덧단 온 트임
무까대(무코우누노)	Pocket Facing, Pocket Piece	주머니맞은천
미까시(미카에시)	Facing	안단
반우라	Patial Lining	부분안감
비죠(비죠우)	Tab	탭
사이바(사이바라)	Side Panel	옆길
소대(소데)	Sleeve	소매
소대구리(소데구리)	Arm Hole Line	소매둘레
소대구찌(소데구치)	Sleeve Hem	소매단
소대나시(소데나시)	No-Sleeve	민소매
소데우라	Sleeve Lining	소매안감
수소(스소)	Hem	단
시다마이(시다마에)	Under Front	안자락
아대(아테누노)	Applied Patch, Reinforcing Patch	보강천
에리	Collar	칼라

표제어	대응외국어	표준동의어
에리고시(에리코시)	Collar Stand	칼라 스탠드
오비	Waist Band	벨트
와끼(와키)	Side Seam	옆솔기
와끼포켓(와키포켓)	Side Seam Pocket	옆솔기주머니
우와마이(우와마에)	Upper Front	겉자락
우와에리	Upper Collar	위칼라
지에리	Under Collar	밑칼라
치카라 버튼	Back Button	밑단추
카부라	Turn—Up Cuffs	바지접단
큐큐(하토메아나)	Tailored Buttonhole, Key Hole	재킷단춧구멍
하도매(하도메)	Eyelet	아일렛
하코(하코포켓)	Chest Pocket, Upturned Flap Pocket	상자주머니
후다(후타)	Flap(Pocket), Tag	뚜껑(주머니)
히요꼬	Fly Top	덮단, 숨은 단추집

■ 부자재

표제어	대응외국어	표준동의어
게싱(게징)	Wool Canvas, Hair Cloth	모심
깡(깐, 칸)	Buckle	버클
노비도메 테이프	Stay Tape, Keeping Tape	늘어남방지테잎
다테테이프(타테테이프)	Lengthwise Tape	식서 테이프
마에깡(마이캉)	Hook & Bar	큰걸고리
마쿠라지	Sleeve Heading	소매산덧심
싱	Interfacing	심
아나이도(아나이토)	Button Hole Thread	단춧구멍실
우라(우라지)	Lining	안감
카기호크	Hook And Eye	걸고리
혼솔지퍼	Conceal Zipper, Invisible Zipper	콘실지퍼

■ 검품

・원단

표제어	대응외국어	표준동의어
기스(기즈)	Defect	흠
기지	Fabric	천
다데시마(타테지마)	Stripe	줄무늬
다이마루	Circular Knit	환편물
다후타(타후타)	Taffeta	태피터

표제어	대응외국어	표준동의어
덴싱(덴센)	Ladder	올풀림
마키	Roll	두루마리, 롤
미미지(미미)	Selvage	식서
시마	Stripe	줄무늬
시와	Wrinkle	구김
쎄무	Suede	스웨이드
오모테	The Right Side of Fabric	(천의)겉쪽
요꼬(요코)	Crosswise	위사
요꼬시마(요코시마)	Crosswise Line	가로 줄무늬

· 제품

표제어	대응외국어	표준동의어
아다리(아타리)	Press Mark	다림질자국
찐빠(친빠)	Difference	짝짝이
히까리(히카리)	Shining	번들거림
뛴땀(뜀땀)	Skipped Stitch, Floating Stitch	

■ 생산

· 스티치 및 심

표제어	대응외국어	표준동의어
가가리(카가리)	Over Handing Stitch, Over Casting	감침질
가시바리(카에시바리)	Fastening Stitch	되돌려박기
가자리(카자리) 스티치	Top Stitch	장식스티치
간도메(칸도메)	Bar Tacking	끝막음박기
기리미(기리지츠케)	Tailored Tack	실표뜨기
도메(토메)	Fixing	끝맺음박기
미쯔마끼(미쯔마키)	Rolled Hem	말아박기 단
세빠	Lapel Hole	장식단춧구멍(라펠)
수소누이(스소누이)	Hem Stitch	단박기
시츠케	Basting	시침질
에리가자리	Collar Stitch	칼라상침
오또시미싱(오토시미싱)	Crack Stitch	숨은상침
오바로쿠(오버록크)	Overlock Stitch	오버록
와리미싱	Double Top Stitch Seam	쌍줄솔
지도리(가케, 치도리)	Catch Stitch	새발뜨기
하찌사시(하치사시)	Padding Stitch	팔자누비
호시(호시누이)	Prick Stitch	한올박음질
후세누이	Mock Flat Felt Seam	

• 생산공정

표제어	대응외국어	표준동의어
고다찌(코다치)	Knife Cutting, Hand Cutting, Fine Cutting	정밀재단
고로시(코로시)	Forming, Shaping	자리잡음
기레빠시(키레바시)	Scrap, Non Cuttied Fabric	자투리천
기리카이(기리카에, 키리카에)	Cut Out(Line)	천바꾸기, 절개선
기리꼬미(키리코미)	Clipping	가위집
나라시	Spreading	연단
나오시	Repair	수정
나찌(노치)	Notch	가위집, 맞춤표시
네지키(오리야마센)	Trousers Crease	요 밑에 깔고자기, 바지주름선, 바지접힘선
노바스(노바시)	Stretch	늘림
누이	Stitch	박음질
다대(타테)	Lengthwise	식서방향
다찌(타치)	Cutting	재단, 마름질
다찌나오시(타치나오시)	Recutting—Out	재마름질
마도매(마토메)	Sewing Finishing	봉제마무리
삔바리(핀바리)	Pin Cushion	핀쿠션
사시	Side Quilting	가장자리포개박기
시루시	Position Marking	위치표시
시리누이	Seat Seam	바지뒤솔기박기
시마이	Finishing	끝마무리
시보리	Rib, Knit Ribbed Band	고무뜨기 단
시아게	Iron Finishing	다림질마무리
오모데(오모테)	Face	겉
우라가에(우라가에시)	Turning	뒤집기
자고(쵸크)	Chalk	쵸크
조시(쵸우시)	Condition	박음상태
지나오시, 스폰징	Sponging	올바로 잡기
지노메(지노메센)	Grain Line	올방향
지누시	Shrinkage	축임질
지누이	Sewing	본봉
쿠세도리(쿠세토리)	Deformation	형태잡기
하미다시	Cord Piping	파이핑
헤리	Bias Binding	바이어스치기

• 봉제기기 및 도구

표제어	대응외국어	표준동의어
가마(카마)	Rotating Hook	로터리훅(북통)
가위루빠 삼봉미싱	Cover Stitch Machine	편평봉 재봉틀
가자리미싱(카자리미싱)	Stitch Machine	장식재봉틀
니혼바리 미싱	2-Needle Ornamental Stitching Machine	쌍침봉 재봉틀
니혼오바록 미싱	Mock Safety Stitch Machine	유사 안전봉 재봉틀
데스망(테츠망)	Iron Buck	철다림대
덴삥(텐빙)	Take Up Lever, Balance	저울
랍빠	Folder	폴더보조기
루빠	Looper	밑실걸이, 루퍼
미싱	Sewing Machine	재봉틀
본봉	Lock Stitch Machine	본봉 재봉틀
뼁뼁이	Eyelet Buttonholing	아일렛 단춧구멍기
삼봉미싱	Cover Seaming Stitch Machine	편평봉 재봉틀
소매달이 미싱	Post Bed Sleeve Attaching Machine	소매달기 재봉틀
스쿠이 미싱	Blind Stitch Sewing	블라인드 스티치 재봉틀
시아게다이	Iron Board	다림질판
쌍침	2-Needle Lockstitch Machine	쌍침본봉 재봉틀
오바록 미싱	Overedge Stitch Machine	오버록 재봉틀
우마	Press Stand, Iron Buck	다리미대
웰팅기	Automatic Welting Machine	자동입술 봉합기
이도끼리(이토키리)	Thread Cutting	실절단기
이도마끼(이토마키)	Bobbin	북
인타록 미싱	Safety Stitch Machine	인터록 재봉틀
지도리 미싱(치도리미싱)	Lockstitch Zig Zag Sewing Machine	본봉 지그재그 재봉틀
진다이(바디)	Dress Form, Dummy	의류생산용바디
체인미싱	Double Chain Stitch Machine	2중 환봉 재봉틀
칼 본봉	Edge Trimming Sewing Machine	끝자르기 재봉틀

■ 니트

표제어	대응외국어	표준동의어
가기바리(카기바리)	Crochet Needle, Crochet Hook	코바늘
가정기	Hand Knitting Machine	가정용편기
가타아제	Half Cardigan	하프카디건
기리가에가라(키리카에패턴)	Border Strip	
녹오버캠	Knock-Over Cam	녹오버캠
다떼아미(다테아미)	Warp Knitting	경편
단후리	Racking With One Bed	

표제어	대응외국어	표준동의어
데아미(테아미)	Hand Knitting	수편
데아미카바(테아미카바)	Hand Knitting Cover	
라벤	Rahben	라벤
라셀아미	Raschel	라셀
레이스편	Lace Stitches	레이스편
로 게이지	Low Gauge(Course Gauge)	로 게이지
료우아제	Full Cardigan	풀카디건
루즈속스	Loose Socks	
리브	Rib Stitches	고무편
리브아미속스	Rib Socks	
링스가라	Links Jacquard	양두패턴
링킹(사시)	Linking	링킹
마루아미	Circular Knitting	환편
메사시스티치	Hand Stitch	
메쉬가라	Mesh Pattern	메쉬무늬, 스카시무늬
메우쯔시패턴	Transfer Stitches	
밀라노리브	Milano Rib	밀라노리브
밀라니즈	Milanese	밀라니즈
백호소아미	Reverse Single Crochet	
보스가라(보스패턴)	Boss Pattern	보스패턴
소우바리	All Needles	
스므스	Smooth, Double Rib	인터록
스파이랄가라	Spiral Pattern	나선무늬
아란니트	Aran Knit	아란니트
아미조직	Knitting Structure	편성구조
아미지	Knitting Fabric	편포
아와세네리(합연)	Plying Twist	합연
아이렛편기	Eyelet Knitting	아이렛편
야후리	Racking With Two Bed	
양두(링스 앤 링스)	Links & Links	
양면아제	Double Full Cardigan	더불풀카디건
요꼬아미(요코아미)	Flat Knitting	횡편
이도(사)로스꼬미(모찌가가리)	Gross Weight	총중량
이아미	Weft Knitting	위편
이중우수(홋도꼬)	Plated Carrier	
인테그랄니트	Integral Knit	인테그랄니트
천축	Plain Stitches	평편
천축 이환	Reverse Stitches	
천축도찡아이	Plain Stitch With Different Stitch Density	

표제어	대응외국어	표준동의어
카우친 스웨터	Cowichan Sweater	카우친 스웨터
카타부쿠로아미	Half Milano	하프밀라노
컷 앤 소우	Cut & Sew	컷 앤 소우
턱	Tuck Stitches	턱편
턱크가라	Tuck Stitches	턱 무늬
튜블러니트	Tubular Knit	원형편, 튜블러편
트리코트아미	Tricot	트리코
패셔닝	Fully Fashion	성형
페어아일	Fairaile Sweater	페어아일스웨터
풀가멘트	Full Garment Knitting	풀가멘트
풀패션아미	Fully Fashioned Knitting	풀패션편
프레서호일	Presser Wheel	프레서휠
플로트	Float	플로트
피콧	Picot	피코
하리누끼(하리누키)	Welt Stitches	웰트편
하리다떼(하리다테)	Selected Rib	
하이게이지	High Gauge(Fine Gauge)	하이게이지
하프트리코트	Half Tricot	하프트리코
호소아미	Single Crochet	
홀가멘트	Whole Garment Machine	홀가먼트편기
후꾸로링킹(후쿠로링킹)	Tubular Linking	
후라이스	Circular Rib	원형리브
후리패턴	Racked Rib	
히끼소로에(히키소로에)	Plying	
히라아미속스	Plain Knitting Socks	평편양말

TECHNICAL SEWING
REFERENCE 참고문헌

- Kopp/Rolfo/Zelin/Gross, Designing Apparel Flat Pattern
- Helen Joseph Armstrong, Poratternmaking for Fashion Design, Longman
- Norma R. Hollen, Pattern Making by the Flat Pattern Method, Burgess
- Publishing Company, Minneapolis, Minnesota
- 柳澤曾子, 『被服體型學』, 1982
- 柳澤曾子, 原田靜技 共著, 衣服 Pattern 基礎應用, 紫田書店, 1983
- 수잔 M. 와킨즈 저 · 최혜선 역, 『의복과 환경』, 이화여자대학교 출판부, 2003
- 패션 큰 사전 편찬위원회, 『패션 큰 사전』, 교문사, 1999
- 김혜경, 『피복 인간 공학 실험 설계방법론』, 교문사, 2006
- 천종숙, 『의류상품학』, 교문사, 2005

- 수입의류 부자재 전문 동명상사(E-mail : taehwanki@hanafos.com)
- (주)부라더 미싱(http : //www.brother.co.kr)
- 기술표준원(http : //www.ats.go.kr)
- 한국의류산업학회(http : //www.clothing.or.kr)

테크니컬
의복제작 작업형

발 행 일 / 2014년 8월 10일 초판발행

저　　자 / 김 경 애 · 김 정 균

발 행 인 / 정 용 수

발 행 처 / 예문사

주　　소 / 경기도 파주시 직지길 460(출판도시) 도서출판 예문사

T E L / 031) 955－0550

F A X / 031) 955－0660

등록번호 / 11－76호

정가 : 27,000원

ISBN 978－89－274－1050－8　13590

이 도서의 국립중앙도서관 출판예정도서목록(CIP)은 서지정보유통지원
시스템 홈페이지(http://seoji.nl.go.kr)와 국가자료공동목록시스템
(http://www.nl.go.kr/kolisnet) 에서 이용하실 수 있습니다.

(CIP제어번호 : CIP2014022293)